普通高等教育电子信息类系列教材

模拟电路与数字电路实验教程

主　编　江姝妍

副主编　路明礼

参　编　李　婧　张新娜

U0379278

西安电子科技大学出版社

内 容 简 介

本书用于"模拟电子技术"和"数字电子技术"课程的实验教学。全书的主要内容分为三篇：第一篇为模拟电路基础实验，第二篇为数字电路基础实验，第三篇为包含模拟电路和数字电路的电子电路综合实验。

本书可作为高等院校电子、电气类专业及其他相关专业"模拟电子技术"和"数字电子技术"课程的配套实验教材，也可供工程技术人员参考使用。

图书在版编目(CIP)数据

模拟电路与数字电路实验教程/江姝妍主编. —西安：西安电子科技大学出版社，2023.9(2023.12 重印)
ISBN 978 - 7 - 5606 - 6907 - 6

Ⅰ. ①模⋯ Ⅱ. ①江⋯ Ⅲ. ①模拟电路—高等学校—教材 ②数字电路—高等学校—教材 Ⅳ. ①TN710.4 ②TN79

中国国家版本馆 CIP 数据核字(2023)第 109883 号

策　　划　高　樱
责任编辑　高　樱
出版发行　西安电子科技大学出版社(西安市太白南路 2 号)
电　　话　(029)88202421　88201467　　　邮　编　710071
网　　址　www.xduph.com　　　　　电子邮箱　xdupfxb001@163.com
经　　销　新华书店
印刷单位　咸阳华盛印务有限责任公司
版　　次　2023 年 9 月第 1 版　2023 年 12 月第 2 次印刷
开　　本　787 毫米×1092 毫米　1/16　印张　12.5
字　　数　295 千字
定　　价　36.00 元
ISBN 978 - 7 - 5606 - 6907 - 6/TN

XDUP 7209001 - 2

前　言

本书是配合"模拟电子技术"和"数字电子技术"课程教学的实验教材。实验是模拟电子技术和数字电子技术课程教学过程中十分重要的实践性教学环节，是理论联系实际的重要环节。通过实验，可进一步巩固和加深理解所学的理论知识，并提高综合运用这些知识的能力；培养积极主动的思考能力、动手能力、观察能力、学习能力；培养自主创新意识以及团队合作精神。通过具体的实验操作，还能够正确熟练地使用常用电子仪器设备；掌握电子电路常规的实验方法、设计方法和基本的测试技能；正确地分析和处理实验数据、实验现象、实验误差；初步具备分析、检查和排除电子线路故障的能力。

本书依据"模拟电子技术"和"数字电子技术"课程教学大纲的基本要求，基于电子系列实验平台"DZX - 3 型电子学综合实验装置"编写而成。为满足普通工科院校电子、电气类专业及相关专业学生在电子技术实验方面不同层次的需求，同时本着实用、够用，既有基础性又有延伸性的原则，本书实验内容主要分为基础验证性实验和综合设计性实验。其中，基础验证性实验供基本教学实验参考，可以根据课程大纲要求选择合适的实验项目及合适的实验内容。综合设计性实验供具备综合开放性实验条件的院校及学生参考。

本书编者为多年来一直从事电子技术系列课程理论教学及实验教学的老师，其中，江姝妍担任本书主编，路明礼担任副主编，李婧、张新娜参编。全书内容由江姝妍进行统稿定稿、校对修正。在本书完稿过程中，模拟电路部分实验由江姝妍和李婧进行了实操验证，数字电路部分实验由路明礼和张新娜进行了实操验证。

全书分为三篇及附录，具体执笔分配如下：

第一篇为模拟电路基础实验，包括模拟电子技术课程教学大纲要求的十个验证性实验，其中，实验一由江姝妍执笔，实验二到实验十由路明礼执笔。

第二篇为数字电路基础实验，包括数字电子技术课程教学大纲要求的十个验证性实验，由江姝妍执笔。

第三篇为包含模拟电路和数字电路的电子电路综合实验，包括十个电子技术综合性和设计性实验，其中，实验一到实验九由李婧执笔，实验十由张新娜执笔。

附录部分主要包括电子实验装置介绍、数字示波器简介、常用电子元器件识别与检测等内容，由张新娜执笔。

在本书的编写过程中，编者参阅了多种相关教材及实验指导等资料，在此特向所参考资料的原作者表示衷心的感谢。

在本书的内容组织和编写过程中，编者多次进行了实验内容及实验线路的讨论与修改，但由于编者水平有限，书中难免仍存在不妥和疏漏之处，敬请广大读者批评指正。

编　者
2023 年 5 月

目 录

1

附　　录

第一篇
模拟电路基础实验

实验一　半导体元件特性测试及仪器仪表的使用

一、实验目的

(1) 通过半导体元件特性的测试，进一步理解并掌握二极管、双极型三极管的特性。

(2) 通过半导体元件特性的测试，掌握直流稳压电源的调节方法以及直流电压表、直流电流表的正确使用方法。

(3) 熟练使用函数信号发生器、交流毫伏表、数字频率计。

(4) 熟悉双踪示波器的使用方法，掌握方波信号和正弦信号波形的参数测试方法。

二、实验设备与器件

本实验所需的设备与器件包括：① 函数信号发生器；② 双踪示波器；③ 直流稳压电源（±5 V，0～18 V）；④ 直流电压表；⑤ 直流电流表；⑥ 二极管 1N4007、三极管 3DG6；⑦ 电位器(1 MΩ)、电阻(1 kΩ/10 kΩ)。

三、实验原理

半导体元器件是构成电子电路的基本元件，广泛应用于模拟电路和数字电路。在不同结构、不同类型的电路中，半导体元器件呈现的工作特性和工作状态是不同的，因而了解半导体元器件的特性对于分析电子电路至关重要。

电子仪器仪表是获得电子元器件特性参数、进行电子电路测量的重要工具，掌握常用电子仪器仪表的使用方法对实验本身而言意义重大。

1. 半导体二极管的特性

由于二极管内部含有一个 PN 结，因而其具有单向导电性。当二极管承受正向偏置电压(正偏)时，呈现低阻导通状态，回路中可形成较大的正向导通电流 I_D，如图 1-1-1(a)所示；当二极管承受反向偏置电压(反偏)时，呈现高阻截止状态，回路只有极小的反向电流($I_D \approx 0$)，如图 1-1-1(b)所示。

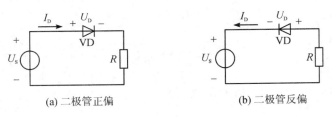

(a) 二极管正偏　　　　　　　(b) 二极管反偏

图 1-1-1　二极管特性测试原理图

硅二极管的伏安特性如图 1-1-2 所示。图示表明，硅二极管正偏时存在 0.5 V 的死区，一旦正偏导通，其导通压降维持在 0.6～0.7 V 之间。二极管反偏时截止，反向电流几乎为 0；但反向电压一旦达到击穿电压，会使反向电流急剧增加，此时，二极管反向导通，失去单向导电性。

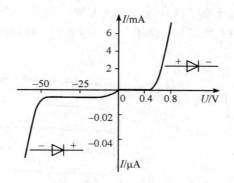

图 1-1-2　硅二极管伏安特性

普通二极管一旦反向击穿就损坏了，而稳压二极管的反向击穿具有可逆性。

2. 双极型三极管的特性

由于双极型三极管内部含有两个 PN 结，因而分为 NPN 型和 PNP 型两种。给三极管外加偏置电压时，因为偏置电压的极性、大小不同，所以三极管可能处于不同的工作状态。三极管特性测试电路如图 1-1-3 所示。

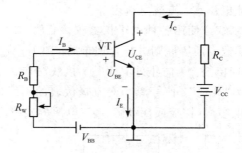

图 1-1-3　三极管特性测试原理图

设电路中电位器 R_W 的阻值足够大。置 R_W 为最大，即三极管的基极偏置电阻达到最大，此时发射结正偏电压极小，小于死区电压，故三极管截止：$I_B = I_C \approx 0$，$U_{CE} \approx V_{CC}$；之后逐渐减小 R_W，使发射结的正偏电压大于死区电压，则三极管开始导通，回路中产生电流；继续减小 R_W，使三极管完全导通，此时 I_C 随 I_B 成倍增大，即三极管处于放大状态；继续减小 R_W，此时 U_{BE} 几乎不变，而 U_{CE} 呈下降趋势。当 I_C 不随 I_B 的增大而增大时，说明三极管进入饱和工作状态，此时 $U_{CE} < U_{BE}$。

科学实验证明了三极管放大状态时的电流关系如下：

$$I_C \approx \bar{\beta} I_B$$

$$\Delta I_C \approx \beta \Delta I_C$$

$$I_B + I_C \approx I_E$$

式中：β、$\bar{\beta}$ 称为三极管的交、直流电流放大系数，其大小反映了三极管的电流放大能力。

通过实验获得的三极管的输入、输出特性曲线分别如图 1-1-4(a)、(b)所示。输入特性同二极管的正向特性，发射结正偏时存在死区，一旦导通，发射结电压 U_{BE} 基本不变。输出特性反映了三极管的三种工作状态：放大区→放大状态；截止区→截止状态；饱和区→饱和状态。这三种工作状态体现了两种特性：放大特性和开关特性。双极型三极管应用于模拟电路时，体现的是它的放大特性；应用于数字电路时，体现的是它的开关特性。

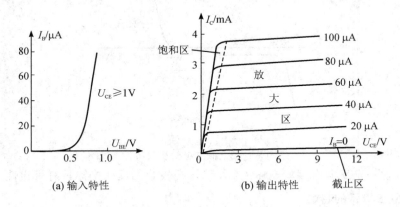

(a) 输入特性　　　　　　　　　　(b) 输出特性

图 1-1-4　NPN 型三极管的特性曲线

3. 常用电子仪器仪表的使用

在模拟电子电路实验中，常用的仪器仪表有示波器、函数信号发生器、直流稳压电源、交流毫伏表、频率计、直流电压表、直流电流表等。

实验中通常会根据要求综合使用各种电子仪器仪表，使用时可按照信号流向，以连线简捷、便于调节、观察与读数方便等原则进行合理布局。图 1-1-5 所示是各仪器仪表与被测实验电路之间的布局与连接图。为防止外界干扰，接线时应注意各仪器仪表的公共接地端(⏚)应连接在一起，称为"共地"。信号源和交流毫伏表的引线通常用屏蔽线或专用电缆线，示波器接线使用专用电缆线(探极或探针)，直流电源的接线用普通导线。

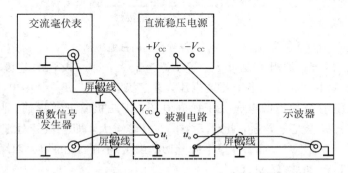

图 1-1-5　模拟电子电路中常用电子仪器仪表布局图

(1) 示波器。

示波器是一种用途广泛的电子测量仪器，它既能直接显示电信号的波形，又能对电信号进行各种参数的测量。使用数字示波器，在自动模式下可以方便快捷地进行测量。有关数字示波器的功能、操作、使用详见附录相关内容。

（2）函数信号发生器。

函数信号发生器能够输出正弦波、方波、三角波三种信号波形，输出信号电压最大可达 5 V。通过输出衰减开关和输出幅度调节旋钮，可在毫伏级至伏特级范围内连续调节输出电压。函数信号发生器的输出信号频率可以通过频率分挡开关进行调节。

注意：作为信号源，函数信号发生器的输出端不允许短路，以免损坏信号源！

（3）交流毫伏表。

交流毫伏表只能在其工作频率范围之内测量正弦交流电压的有效值。

为了防止过载而损坏，测量前一般先把交流毫伏表的量程开关置于量程较大位置上，然后在测量中逐挡减小量程，直至适当位置。

（4）电压表和电流表。

电压表要并联在电路中使用，电流表要串联在电路中使用。直流电压表、直流电流表使用时还要注意"＋""－"极性。

测量前应注意量程的选择，一般先把量程开关置于较大挡位上，然后在测量过程中根据具体测量数据逐挡减小量程，直至适当位置。

四、实验内容与步骤

1. 二极管特性的测试

本实验选用的二极管型号为 1N4007（实验面板上的标志为 4007）。

（1）正向特性测试。

按照图 1－1－6(a)接线，二极管和电阻、电位器可选用模拟实验装置面板上的元件，直流电压表、电流表应选择合适的量程（选择原则：先选大，后转小）。

先将 R_W 置 1 MΩ（左旋到底），测量电路中的电压 U_D、U_R 和电流 I_D，判断管子的工作状态，将测量结果记入表 1－1－1 中；然后将 R_W 置 0（右旋到底），测量电路中的电压 U_D、U_R 和电流 I_D，判断管子的工作状态，将测量结果记入表 1－1－1 中；最后，使 R_W 在 0～1 MΩ之间变化，观察电流表的变化。

（2）反向特性测试。

电路如图 1－1－6(b)所示。测量电路中的电压 U_D、U_R 和电流 I_D，判断管子的工作状态，调节 R_W 使其在 0～1 MΩ之间变化，观察电流表指示是否变化，将测量结果记入表 1－1－1 中。

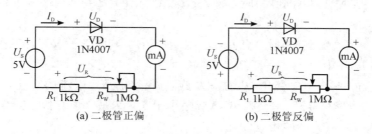

图 1－1－6　二极管特性的测试

表 1 - 1 - 1　二极管单向导电性测试

U_S	R_W	U_D/V	U_R/V	I_D/mA	VD 状态
+5 V	1 MΩ				
	0				
	0～1 MΩ				
−5 V	0～1 MΩ				

注意：图 1 - 1 - 6、图 1 - 1 - 7 中的电位器 R_W 阻值越大，对二极管、三极管的特性测试效果越好。所以，实验室若有更大阻值的电位器，可以替换图中 1 MΩ 的 R_W。

2．NPN 型三极管特性的测试

本实验选用的双极型三极管型号为 3DG6。测试电路如图 1 - 1 - 7 所示。图中，三极管 3DG6 按照 E、B、C 顺序插接到实验面板相应的插孔中（如图 1 - 1 - 8 所示：并列小孔为三极管插孔；并列大孔为接线插孔），1 kΩ、10 kΩ、1 MΩ 电阻均可以采用实验面板上的电位器。R_B、R_C 接电位器的两个固定端即可，R_W 既可以接一个固定端和一个可变端，也可采用如图 1 - 1 - 7 所示的接法。

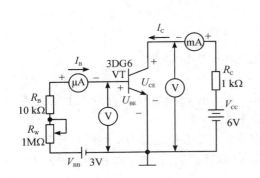

图 1 - 1 - 7　NPN 型三极管特性的测试

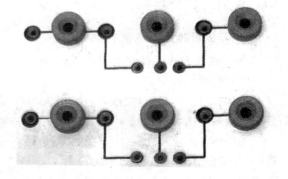

图 1 - 1 - 8　实验面板三极管插孔

若实验面板没有直流微安电流表，则基极可接小量程的直流毫安电流表。

将两组 0～18 V 可调直流稳压电源的输出分别调节为 3 V 和 6 V，并用直流电压表测量确定。按照图 1 - 1 - 7 将测试电路连接好，检查接线无误后按照如下步骤进行测试：

（1）置 R_W＝1 MΩ（左旋到底）时，测 I_B、I_C、U_{BE}、U_{CE}，判断管子 VT 的工作状态，将测量结果填入表 1 - 1 - 2 中。

（2）置 R_W＝0（右旋到底）时，测 I_B、I_C、U_{BE}、U_{CE}，判断管子 VT 的工作状态，将测量结果填入表 1 - 1 - 2 中。

（3）使 R_W 在 0～1 MΩ 变化（从右→左旋），观察电压、电流的变化，当 U_{CE} 为 1 V、2 V、3 V、3.5 V、4 V、5 V、5.5 V、6 V（或略小于 6 V 为最大值）时，记录各电压表、电流表的读数，填入表 1 - 1 - 2 的相应位置。

表 1 - 1 - 2　双极性三极管特性的测试

$R_W(0\sim1\ M\Omega)$	U_{BE}/V	U_{CE}/V	I_B/mA	I_C/mA	$\bar{\beta}=\dfrac{I_C}{I_B}$	VT 状态
1 MΩ						
0						
调节 R_W 使其在 $0\sim1\ M\Omega$ 之间变化,令 U_{CE} 为表中数据,测试各电压、各电流		1				
		2				
		3				
		3.5				
		4				
		5				
		5.5				
		6				

3. 用示波器测量波形

实验采用数字示波器进行方波和正弦波的测试。数字示波器 SDS 1152 的前面板如图 1 - 1 - 9 所示。

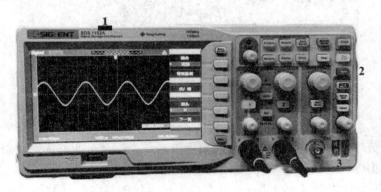

图 1 - 1 - 9　SDS 1152 型数字示波器

图中各个开关、模块的作用与功能参见附录部分,下面说明在自动模式下的测量方法。

(1) 开机自动模式:按下"Power"键使示波器接通电源,开机工作;按下"Auto"键开启波形自动显示功能,示波器将进入波形自动显示状态。

(2) 测量方波信号:示波器本身提供一个自检方波信号,用以校验测量是否准确。将探极(探头、探针)的"BNC 接口"即同心电缆端孔与示波器通道"1"或"2"连接,探极的另一端"探钩"与示波器面板右下角方波自检孔"3"连接。

连好之后,示波器荧光屏上将显示一个方波信号,同时显示其大小、周期、频率。如图 1 - 1 - 10 所示,示波器显示自检方波信号的幅度是 3.08 V,周期是 1 ms,频率是 1 kHz。

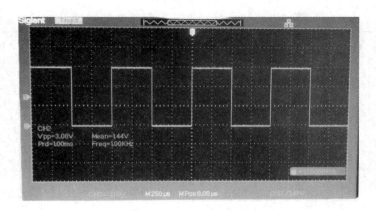

图 1 - 1 - 10　示波器自检方波信号的测量

（3）测量正弦波信号：用函数信号发生器输出一个某种频率和幅度的正弦波信号，用示波器探极将函数信号发生器的输出端和示波器的输入通道"1"或通道"2"连接起来，在"Auto"模式下观测。示波器荧光屏上将显示一个正弦波，同时显示其大小、周期、频率，如图 1 - 1 - 11 所示。

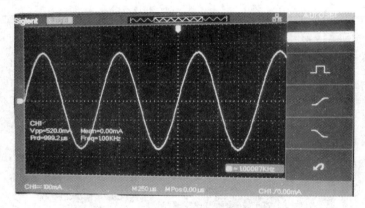

图 1 - 1 - 11　用示波器测量正弦波信号

改变函数信号发生器输出的正弦波的幅度及频率，观察示波器屏幕波形的变化，读出屏幕显示的数据（峰-峰值、周期、频率）。

（4）用交流毫伏表测量正弦电压：将交流毫伏表的测量端与函数信号发生器的输出端连接在一起，则交流毫伏表显示的数字即为被测正弦信号的电压有效值 U，与用示波器测量的同一个信号波形的电压峰-峰值 U_{pp} 对比，两者之间的关系如下：

$$U_{pp} = 2\sqrt{2}U$$

五、实验报告与要求

（1）实验报告是实验的重要组成部分，是实验完成之后的文案总结，因而要求语言流畅、图表规范、分析合理、总结到位。

（2）实验报告通常按照实验目的、实验原理、实验设备、实验内容、实验数据、实验总结等顺序进行撰写。

（3）根据实验相关数据，分析并总结半导体二极管及三极管的特性。

六、问题思考与练习

（1）二极管测量电路中电阻参数的变化及电位器有什么作用？

（2）如何根据三极管测量电路判断三极管的工作状态？

（3）交流毫伏表是用来测量正弦波电压还是非正弦波电压的？它的表头指示值是被测信号电压的什么值？它是否可以用来测量直流电压的大小？

（4）函数信号发生器的输出端能否短接？若用屏蔽线作为输出引线，则屏蔽线一端应该接在哪个接线柱上？

（5）示波器探极上的×1、×10 是什么意思？

实验二　晶体管共射单管放大电路的调试与测量

一、实验目的

(1) 掌握共射单管放大电路静态工作点的测量及调试方法，学会分析静态工作点对放大电路性能的影响。

(2) 掌握放大电路电压放大倍数、输入电阻、输出电阻及最大不失真输出电压的测试方法。

(3) 熟悉常用电子仪器及模拟电路实验设备的使用方法。

二、实验设备与器件

本实验所需的设备与器件包括：① +12 V 直流电源；② 信号发生器；③ 双踪示波器；④ 交流毫伏表；⑤ 直流电压表；⑥ 万用电表；⑦ 共射极放大电路实验线路板。

三、实验原理

图 1-2-1 为电阻分压式工作点稳定单管放大电路实验原理图，该电路的偏置电路是由 R_{B1}、R_{B2} 组成的分压电路，发射极中接有电阻 R_{E1} 和 R_{E2}，以稳定放大电路的静态工作点及提高输入电阻。当在放大电路的输入端加上输入信号 u_s 或者 u_i 后，在放大电路的输出端便可得到一个与之相位相反、幅值被放大了的输出信号 u_o，从而实现电压放大。

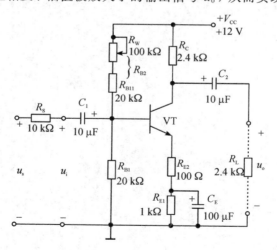

图 1-2-1　分压式共射单管放大电路

1. 放大电路的静态分析与动态分析

(1) 静态工作点的估算。

在图 1-2-1 所示的放大电路中，当流过偏置电阻 R_{B1} 和 R_{B2} 的电流远大于晶体管 VT

的基极电流 I_B 时（一般为后者的 $5\sim10$ 倍），则它的静态工作点可用下式估算：

$$U_{BQ}\approx\frac{R_{B1}}{R_{B1}+R_{B2}}V_{CC}$$

$$I_{CQ}\approx I_{EQ}=\frac{U_B-U_{BE}}{R_{E1}+R_{E2}}$$

$$I_{BQ}\approx\frac{I_{CQ}}{\beta}$$

$$U_{CEQ}\approx V_{CC}-(R_C+R_{E1}+R_{E2})I_{CQ}$$

（2）电压放大倍数的估算。

动态时的电压放大倍数可根据微变等效电路估算：

$$\dot{A}_u=\frac{\dot{U}_o}{\dot{U}_i}=-\frac{\beta(R_C//R_L)}{r_{be}+(1+\beta)R_{E2}}$$

$$\dot{A}_{us}=\frac{\dot{U}_o}{\dot{U}_s}=-\frac{R_i}{R_i+R_s}\cdot\frac{\beta(R_C//R_L)}{r_{be}+(1+\beta)R_{E2}}$$

空载时，

$$\dot{A}_u=-\frac{\beta R_C}{r_{be}+(1+\beta)R_{E2}}$$

$$\dot{A}_{us}=-\frac{R_i}{R_i+R_s}\cdot\frac{\beta R_C}{r_{be}+(1+\beta)R_{E2}}$$

所以，接入负载 R_L，会降低电压放大倍数。

（3）输入电阻、输出电阻的估算。

可根据下式估算输入、输出电阻：

$$R_i=R_{B1}//R_{B2}//[r_{be}+(1+\beta)R_{E2}], R_o\approx R_C$$

（4）发射极电阻对电压放大倍数及输入电阻的影响。

在图 $1-2-1$ 中，若 $R_{E2}=0$，则

$$\dot{A}_u=-\frac{\beta(R_C//R_L)}{r_{be}}$$

$$\dot{A}_{us}=-\frac{R_i}{R_i+R_s}\cdot\frac{\beta(R_C//R_L)}{r_{be}}$$

$$R_i=R_{B1}//R_{B2}//r_{be}\approx r_{be}$$

可见，短接 R_{E2} 会增大电压放大倍数，但同时减小了输入电阻，因而为了提高输入电阻，同时又不使放大倍数下降太多，R_{E2} 通常取值很小。

2. 放大电路的测量与调试

由于电子器件参数的分散性比较大，因此在设计和制作晶体管放大电路时，离不开测量和调试技术。在设计前应测量所用元器件的参数，为电路设计提供必要的依据；在完成设计和装配以后，还必须测量和调试放大电路的静态工作点和各项性能指标。一个好的放大电路，必定是理论设计与实验调整相结合的产物。因此，除了学习放大电路的理论知识和设计方法外，还必须掌握必要的测量和调试技术。

放大电路的测量和调试主要包括静态工作点的测量与调试，动态指标的测量，消除干扰与自激振荡等，下面对前二者进行介绍。

1) 放大电路静态工作点的测量与调试

（1）静态工作点的测量。

在输入信号 $u_i(u_s)=0$ 的情况下，测量放大电路的静态工作点。选用量程合适的直流毫安表和直流电压表，分别测量晶体管的集电极电流 I_C 以及各电极对地的电位 U_B、U_C 和 U_E。实验中测量电流时，一般采用间接方法，即通过测量电压 U_E 或 U_C，然后算出 I_C。

（2）静态工作点的调试。

放大电路静态工作点的调试主要是指对管子集电极电流 I_C（或 U_{CE}）的调整与测试。静态工作点是否合适，对放大器的性能和输出波形都有很大影响。以 NPN 管为例，如果工作点偏高，放大电路在加入交流信号以后易产生饱和失真，此时 u_o 的负半周平底，如图 1-2-2(a)所示；如果工作点偏低则易产生截止失真，即 u_o 的正半周平顶，如图 1-2-2(b)所示。这些情况都不符合不失真放大的要求，所以要进行静态工作点的调试。

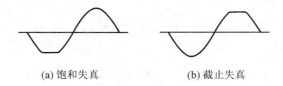

(a) 饱和失真　　　　　　　　(b) 截止失真

图 1-2-2　静态工作点对 u_o 波形失真的影响

改变电路参数 V_{CC}、R_C、$R_B(R_{B1}、R_{B2})$都会引起静态工作点的变化，但通常多采用调节上偏置电阻 R_{B2} 的方法来改变静态工作点。通过调节电位器 R_W 使 R_{B2} 改变，若 R_{B2} 减小，则静态工作点提高，反之则降低。

最后还要说明的是，上面所说的工作点"偏高"或"偏低"不是绝对的，应该是相对信号的幅度而言的，如果输入信号幅度很小，则即使工作点较高或较低也不一定会出现失真。所以确切地说，产生输出波形失真是输入信号幅度与静态工作点设置配合不当所致。如需满足较大输出信号幅度的要求，静态工作点最好尽量靠近交流负载线的中点。

2) 放大电路动态指标的测量

在选定工作点以后还必须进行动态调试，即在放大电路的输入端加入一定频率的输入电压 $u_i(u_s)$，检查输出电压 u_o 的大小和波形是否满足要求。

放大电路动态指标包括电压放大倍数、输入电阻、输出电阻、最大不失真输出电压（动态范围）和通频带等，下面介绍前四个指标的测量方法。

（1）电压放大倍数 A_u 的测量。

实验中，调整 R_W 使放大电路获得合适的静态工作点，然后加入输入电压 u_i，在输出电压 u_o 不失真的情况下，用交流毫伏表测出 u_i 和 u_o 的有效值 U_i 和 U_o，或者用示波器测出 u_i 和 u_o 的峰-峰值 U_{ipp} 和 U_{opp}，则：

$$A_u = \frac{U_o}{U_i} = \frac{U_{opp}}{U_{ipp}}$$

$$A_{us} = \frac{U_o}{U_s} = \frac{U_{opp}}{U_{spp}}$$

（2）输入电阻 R_i 的测量。

为了测量放大电路的输入电阻，在电路图 1-2-1 中，信号源 u_s 与放大电路的输入端信号 u_i 之间串入一个已知电阻 $R_s(R_s=10\ \text{k}\Omega)$（视为信号源内阻），在输出不失真的情况下，用交流毫伏表测出 U_s 和 U_i，则根据输入电阻的定义可得：

$$R_i = \frac{\dot{U}_i}{\dot{I}_i} = \frac{\dot{U}_i}{\dfrac{\dot{U}_{R_s}}{R_s}} = \frac{\dot{U}_i}{\dot{U}_s - \dot{U}_i} R_s = \frac{U_i}{U_s - U_i} R_s$$

因而，只要测得 U_s 及 U_i，即可推算出 R_i。

（3）输出电阻 R_o 的测量。

在电路图 1-2-1 中，在输出不失真情况下，测出输出端空载输出电压 U_o 和接入负载 R_L 后的输出电压 U_L，根据输出电阻的定义即可求出输出电阻：

$$R_o = \left(\frac{U_o}{U_L} - 1\right) R_L$$

因而，只要测得 U_o 及 U_L，即可推算出 R_o。

（4）最大不失真输出电压 U_{om} 的测量。

最大不失真输出电压反映了放大电路的最大动态范围。为了得到最大动态范围，应将静态工作点调在交流负载线的中点。为此在放大器正常工作情况下，逐步增大输入信号的幅度，并同时调节分压电阻 R_w（改变静态工作点），用示波器观察 u_o。当输出波形出现对称削底和削顶现象时，表示静态工作点已调在交流负载线的中点。然后反复调整输入信号 u_i，使波形输出幅度最大且无明显失真，用交流毫伏表测得 U_{om}（最大有效值），用示波器直接读出此时的峰-峰值 U_{opp}（即最大动态范围），则：

$$U_{opp} = 2\sqrt{2} U_{om}$$

四、实验内容与步骤

实验电路如图 1-2-3 所示。各电子仪器可按实验一中图 1-1-5 所示的方式连接。为防止干扰，各仪器的公共端必须连在一起，同时信号源、交流毫伏表和示波器引线应采用专用电缆线或屏蔽线；如使用屏蔽线，则屏蔽线的外包金属网应接在公共接地端上。

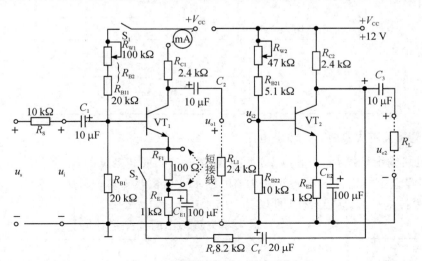

图 1-2-3　共发射极放大电路原理图

图 1-2-3 是实验用电路板的电路原理图，为电阻分压式共发射极两级放大电路，本实验单管共射电路采用其中的第一级电路进行测试。

1. 调试静态工作点

S_1 通，S_2 断，R_{F1} 两端接短接线。按照图 1-2-3 接好线路。

接通 +12 V 电源，调节 R_{W1}，使 VT_1 的集电极电位 U_C 为 7.2 V 左右（即使 I_C 为 2 mA 左右），用数字直流电压表测量 U_B、U_E、U_C，将测量结果记入表 1-2-1 中。

表 1-2-1　静态工作点的测量与计算

测 量 值				计 算 值			
U_B/V	U_E/V	U_C/V	I_C/mA	U_{BE}/V	U_{CE}/V	I_C/mA	$R_{B2}/k\Omega$

注意：实验时，R_{C1} 支路若接入毫安表，则 I_C 为测量值；若没有接入毫安表（R_{C1} 直接接 $+V_{CC}$），则 I_C 为计算值。

2. 测量电压放大倍数 A_u、输入电阻 R_i 和输出电阻 R_o

调节信号发生器，将幅度为 1 V、频率为 1~2 kHz 的正弦信号加在放大电路输入端，即 $u_s=1\,V/1\,kHz$，同时用示波器观察放大器输出电压 u_o 的波形。在波形不失真的情况下，用交流毫伏表测量一组 U_s、U_i、U_o（空载：$R_{L1}=\infty$）；接上负载电阻 R_{L1}（2.4 kΩ），观察输出电压的变化，测量负载两端的电压 U_L，并用双踪示波器观察 u_{o1} 和 u_i 的相位关系，计算 A_u、A_{us}，记入表 1-2-2 中。

表 1-2-2　分压式共射放大电路的动态测量与计算

负　载	测 量 值				计 算 值			
$R_{L1}/k\Omega$	U_s/mV	U_i/mV	U_{o1}/V	U_{L1}/V	A_u	A_{us}	$R_i/k\Omega$	$R_o/k\Omega$
∞				—				
2.4			—					
u_i 和 u_o 波形								

3. 测量最大不失真输入、输出电压

放大电路输出端接 $R_{L1}=2.4\,k\Omega$，反复调节 u_i 的幅度和电位器 R_{W1}，使输出电压最大且不失真，尽量调至输出波形即将对称失真。用示波器测量 U_{opp}，用交流毫伏表测量 U_{om} 和 U_{im}，然后去掉信号源，测量这时的 U_{CEQ}、I_{CQ}，记入表 1-2-3。

表 1-2-3　最大不失真输出时的测量结果

U_{opp}/V	U_{om}/V	U_{im}/mV	U_{CEQ}/V	I_{CQ}/mA

4. 观察静态工作点对输出波形失真的影响

放大电路输出端接 $R_{L1} = 2.4\ \text{k}\Omega$，加大输入信号 u_i 的幅度，使输出信号 u_{o1} 足够大但不失真。然后增大 R_{W1}，使波形出现失真，记录 u_{o1} 的失真波形，测出这时的 I_C 和 U_{CE} 值，记入表 $1-2-4$；然后减小 R_{W1}，使波形出现失真，记录 u_{o1} 的失真波形，测出这时的 I_C 和 U_{CE} 值，记入表 $1-2-4$。

表 $1-2-4$ 静态工作点对输出波形的影响

R_{W1}	I_C/mA	U_{CE}/V	u_{o1} 波形	失真情况	管子工作状态
最大					
最小					

5. 观察 R_{F1} 对电压放大倍数的影响

调节 u_i，使其幅度合适，在用示波器观察到输出电压 u_o 不失真的情况下，分别观察电阻 R_{F1} 两端去掉短接线和加上短接线时，输出电压 u_o 幅度的变化。

五、实验报告与要求

按照实验目的、实验原理、实验设备、实验内容、实验数据、实验总结撰写实验报告，具体要求如下：

（1）整理测量结果，并把实测的静态工作点、电压放大倍数、输入电阻、输出电阻之值与理论计算值进行比较，分析产生误差的原因。

（2）分析 R_{W1} 对静态工作点的影响。

（3）分析 R_{F1} 对输出电压及电压放大倍数的影响。

六、问题思考与练习

（1）若设：VT_1 的 $\beta = 100$，$R_{B1} = 20\ \text{k}\Omega$，$R_{B2} = 60\ \text{k}\Omega$，$R_{C1} = 2.4\ \text{k}\Omega$，$R_{L1} = 2.4\ \text{k}\Omega$。试估算放大电路的静态工作点（$I_B$，$I_C$，$U_{CE}$）、电压放大倍数 A_u、输入电阻 R_i、输出电阻 R_o。

（2）引起共射放大电路输出电压波形非线性失真的原因是什么？

（3）表 $1-2-1$ 中的电流 I_C 如何计算？电阻 R_{B2} 如何计算？

（4）在测试 A_u、R_i、R_o 时，怎样选择输入信号的大小和频率？

（5）如何获得共射放大电路的最大不失真输出信号电压？

实验三　射极跟随器的调试与测量

一、实验目的

(1) 掌握射极跟随器的特性及测试方法。

(2) 进一步学习放大器各项参数的测试方法。

二、实验设备与器件

本实验所需的设备与器件包括：① +12 V 直流电源；② 直流电压表；③ 交流毫伏表；④ 信号发生器；⑤ 双踪示波器；⑥ 射极跟随器实验线路板。

三、实验原理

射极跟随器的电压放大倍数小于且近似等于 1，为正值，输出电压跟随输入电压的变化而变化。由于射极跟随器的输出取自发射极，因而射极跟随器又叫射极输出器。

尽管射极跟随器没有电压放大作用，但由于其发射极电流是基极电流的 $(1+\beta)$ 倍，所以它具有一定的电流和功率放大作用。其电路原理图如图 1-3-1 所示。

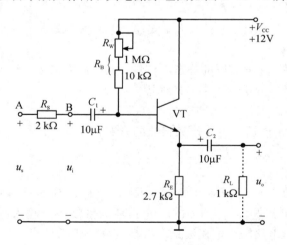

图 1-3-1　射极跟随器电路原理图

射极跟随器的特点如下：

(1) 电压放大倍数小于且接近于 1，输入、输出信号同相。

(2) 输入电阻高，输出电阻低。

射极跟随器的分析包括静态分析和动态分析，其直流通路和微变等效电路如图 1-3-2 (a)、(b)所示。

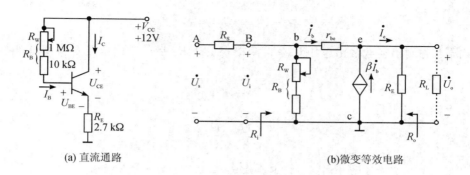

(a) 直流通路　　　　　　　　　　　　　　(b)微变等效电路

图 1-3-2　射极跟随器的直流通路和微变等效电路

1. 静态工作点的估算与调整

（1）静态工作点的估算。

由图 1-3-2(a)所示的直流通路可估算如下：

$$I_{BQ} = \frac{V_{CC} - U_{BE}}{R_B + (1+\beta)R_E}$$

$$I_{CQ} \approx \beta I_{BQ}, \quad U_{CEQ} = V_{CC} - I_{EQ}R_E \approx V_{CC} - I_{CQ}R_E$$

（2）静态工作点的调整。

通常可通过调节电位器 R_W 获得合适的基极偏置电流。增大 R_W 基极偏流减小，静态工作点沿负载线下移；减小 R_W 基极偏流增大，静态工作点沿负载线上移。

实验时，通常在晶体管的集电极与电源 $+V_{CC}$ 之间串接毫安表，调节 R_W 使毫安表指示值为 2 mA 即可。或者不接毫安表，直接测量晶体管发射极电位。调节 R_W 使 $U_E = I_E R_E = 2R_E$，根据电路参数调整即可。

2. 动态参数的估算与测量

（1）动态参数的估算。

由图 1-3-2(b)所示的微变等效电路可估算如下：

电压放大倍数：

$$\dot{A}_u = \frac{\dot{U}_o}{\dot{U}_i} = \frac{(1+\beta)(R_E // R_L)}{r_{be} + (1+\beta)(R_E // R_L)}$$

$$\dot{A}_{us} = \frac{\dot{U}_o}{\dot{U}_s} = \frac{\dot{U}_o}{\dot{U}_i} \cdot \frac{\dot{U}_i}{\dot{U}_s} \approx \frac{r_i}{r_i + R_S}$$

输入电阻：

$$R_i = R_B // [r_{be} + (1+\beta)(R_E // R_L)]$$

输出电阻：

$$R_o = \left[\frac{r_{be} + (R_S // R_B)}{1+\beta} \right] // R_E \approx \frac{r_{be} + R_S // R_B}{\beta} \approx \frac{r_{be} + R_S}{\beta}$$

（2）动态参数的测量。

输入电阻、输出电阻、电压放大倍数的测试方法同单管共射放大电路。

输入端：用交流毫伏表测出 U_s 和 U_i，即求得

$$R_i = \frac{\dot{U}_i}{\dot{I}_i} = \frac{U_i}{U_s - U_i} R_S$$

输出端：先测出空载输出电压 U_o，再测接入负载 R_L 后的输出电压 U_L，即求得

$$R_o = \left(\frac{U_o}{U_L} - 1\right) R_L$$

由以上测量可求得

$$A_u = \frac{U_o}{U_i} = \frac{U_{opp}}{U_{ipp}}$$

$$A_{us} = \frac{U_o}{U_s} = \frac{U_{opp}}{U_{spp}}$$

其中：U_o、U_i、U_s 为交流毫伏表测得的电压有效值；U_{opp}、U_{ipp}、U_{spp} 为示波器测得的电压峰-峰值。

3. 电压跟随范围

电压跟随范围是指射极跟随器输出电压 u_o 跟随输入电压 u_i 作线性变化的区域。当 u_i 超过一定范围时，u_o 便不能跟随 u_i 作线性变化，即 u_o 波形产生了失真。为了充分利用电压跟随范围，并使输出电压 u_o 达到最大不失真（通过示波器观察），静态工作点应选在交流负载线中点。

四、实验内容与步骤

本实验的实验电路如图 1-3-1 所示。

1. 静态工作点的静态调试与测量

接通 +12 V 电源，调节 R_W，使 VT 管子的发射极电位 U_E 为 5.4 V 左右（即使 I_E 为 2 mA 左右），用数字直流电压表测量 U_B、U_E、U_C，将测量结果记入表 1-3-1 中，并按要求进行计算。

表 1-3-1　静态工作点的静态测量与计算

测 量 值			计 算 值			
U_B/V	U_E/V	U_C/V	U_{BE}/V	U_{CE}/V	I_C/mA	$R_B/k\Omega$

2. 静态工作点的动态调试与测量

（1）直流负载线的中点调整。

不接负载 R_L（$R_L = \infty$），在实验电路输入端加入 $f = 1 \sim 2$ kHz 的正弦信号源 u_s，用示波器监视输出电压波形，反复调整 R_W 及信号源的输出幅度（即 u_s 幅度），在示波器的屏幕上得到一个最大不失真的输出电压波形。

用交流毫伏表分别测量最大不失真输出 U_{om} 值和输入 U_{im} 值，同时用示波器分别测量 U_{opp} 值和 U_{ipp} 值。此时，电路静态工作点在直流负载线的中点。将各电压值记入表 1-3-3 中。

然后去掉 u_s，用直流电压表测量晶体管各电极静态对地电位，将测得的数据记入表 1-3-2 中，此即为直流负载线上的静态工作点对应的静态值。

（2）交流负载线的中点调整。

接入负载 R_L（$R_L = 1\,k\Omega$），在实验电路输入端加入 $f = 1 \sim 2\,kHz$ 的正弦信号源 u_s，用示波器监视输出电压波形，反复调整 R_W 及信号源的输出幅度，在示波器的屏幕上得到一个最大不失真的输出电压波形，用交流毫伏表分别测量此时的最大不失真输出 U_{Lm} 值和输入 U_{im} 值。此时，电路静态工作点在交流负载线的中点。将测量结果记入表 1-3-3 中。

然后去掉 u_s，用直流电压表测量晶体管各电极静态对地电位，将测得的数据记入表 1-3-2 中，此即为交流负载线上的静态工作点对应的静态值。

按照表格 1-3-2、1-3-3 的要求进行相关静态值和动态值的计算。

表 1-3-2　静态工作点的动态测量与计算

负　载	测 量 值			计 算 值		
$R_L/k\Omega$	U_B/V	U_C/V	U_E/V	U_{BE}/V	U_{CE}/V	I_C/mA
∞						
1						

表 1-3-3　动态性能指标的测量与计算

	最大不失真 输出电压		最大不失真 输入电压		电压 放大倍数		输入电阻	输出电阻
负载	测 量 值		测 量 值		计 算 值		计 算 值	计 算 值
$R_L/k\Omega$	U_{om}/mV	U_{Lm}/mV	U_{im}/mV	U_{sm}/mV	A_u	A_{us}	$R_i/k\Omega$	$R_o/k\Omega$
∞		—						
1	—							

3. 射极跟随器电压跟随特性的测试

再次接入 u_s，保持接入负载 R_L，在输出信号不失真的情况下，改变 u_s 幅度，用交流毫伏表测量 U_s、U_i、U_L（接上负载输出电压）、U_o（去掉负载 R_L）之值，并将结果记入表 1-3-4 中。

表 1-3-4　电压跟随特性的测试

输　入	U_s/V		0.1	0.5	1.0	1.5	2.0
	U_i/V						
输　出	$R_L = 1\,k\Omega$	U_L/V					
	$R_L = \infty$	U_o/V					

五、实验报告与要求

按照实验目的、实验原理、实验设备、实验内容、实验数据、实验总结撰写实验报告，具体要求如下：

（1）分析表 1-3-1 及表 1-3-2，说明静态工作点两种调试方法的异同。

（2）根据表 1-3-3，计算电压放大倍数 A_{us}、A_u，输入电阻 R_i、输出电阻 R_o。

（3）根据表 1-3-4，分析说明射极跟随器的跟随特性。

（4）根据实验结果总结射极跟随器的特点。

六、问题思考与练习

（1）若设 $\beta=100$，$R_B=300$ kΩ。试估算静态工作点（I_B，I_C，U_{CE}）、电压放大倍数 A_u、输入电阻 R_i、输出电阻 R_o。

（2）若负载电阻 R_L 改变，则是否会对射极跟随器的静态工作点、电压放大倍数、输入电阻和输出电阻产生影响？

（3）为什么射极跟随器既可应用于多级放大电路的输入级，也可应用于多级放大电路的输出级，还可用在两级共发射极放大电路之间？这是基于它的什么特性？

实验四　差分放大电路的测试

一、实验目的

（1）加深对差分放大电路结构、性能及特点的理解；

（2）学习差分放大电路主要性能指标的测试方法。

二、实验设备与器件

本实验所需的设备与器件包括：① ±12 V 直流电源；② 函数信号发生器；③ 双踪示波器；④ 交流毫伏表；⑤ 直流电压表；⑥ 差分放大电路实验线路板。

三、实验原理

图 1-4-1 是差分放大电路的基本结构。差分放大电路由两个元件参数相同的基本共射放大电路组成。当开关 S 拨向左边"1"时，构成典型的长尾式差分放大电路；开关 S 拨向右边"2"时，则构成恒流源式差分放大电路，它具有更强的抑制共模信号的能力。

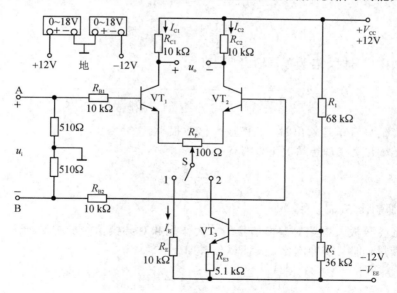

图 1-4-1　差分放大电路原理图

调零电位器 R_P 用来调节 VT_1、VT_2 的静态工作点，使得输入信号 $u_i=0$ 时，双端输出电压 $u_o=0$。R_E 为两管共用的发射极电阻，它对差模信号无负反馈作用，因而不影响差模电压放大倍数，但对共模信号有较强的负反馈作用，故可以有效地抑制零漂，稳定静态工作点。

1. 静态工作点的估算

开关 S 置"1"，则长尾式电路静态工作点估算如下：

因 $U_{B1}=U_{B2}\approx0$，故：

$$I_E\approx\frac{|V_{EE}|-U_{BE}}{R_E}$$

$$I_{C1}=I_{C2}=\frac{1}{2}I_E$$

开关 S 置"2"，恒流源电路静态工作点估算如下：

$$I_{C3}\approx I_{E3}\approx\frac{\dfrac{R_2}{R_1+R_2}(V_{CC}+|V_{EE}|)-U_{BE}}{R_{E3}}$$

$$I_{C1}=I_{C2}=\frac{1}{2}I_{C3}$$

2. 差模电压放大倍数和共模电压放大倍数

当差分放大电路的射极电阻 R_E 足够大，或采用恒流源电路结构时，差模电压放大倍数 A_d 由输出方式决定，而与输入方式无关。

双端输出：当 $R_L=\infty$，R_P 在中心位置时，则有

$$A_d=\frac{\Delta U_o}{\Delta U_i}=-\frac{\beta R_C}{R_B+r_{be}+\dfrac{1}{2}(1+\beta)R_P}$$

单端输出：

$$A_{d1}=\frac{\Delta U_{C1}}{\Delta U_i}=\frac{1}{2}A_d$$

$$A_{d2}=\frac{\Delta U_{C2}}{\Delta U_i}=-\frac{1}{2}A_d$$

当输入共模信号时，若为单端输出，则有

$$A_{C1}=A_{C2}=\frac{\Delta U_{C1}}{\Delta U_i}=\frac{-\beta R_C}{R_B+r_{be}+(1+\beta)\left(\dfrac{1}{2}R_P+2R_E\right)}$$

可见输入共模信号且单端输出时，共模放大倍数很小。

若为双端输出，在理想情况下，则有

$$A_c=\frac{\Delta U_o}{\Delta U_i}=0$$

3. 共模抑制比 K_{CMR}

为了表征差分放大电路对差模信号的放大作用和对共模信号的抑制能力，通常用一个综合指标来衡量，即共模抑制比，其计算公式如下：

$$K_{CMR}=\left|\frac{A_d}{A_c}\right| \quad \text{或} \quad K_{CMR}=20\log\left|\frac{A_d}{A_c}\right| \quad \text{(dB)}$$

四、实验内容与步骤

1. 差分放大电路的静态测试

1）长尾式差分放大电路的静态测试

按图 1-4-1 连接实验电路，开关 S 拨向"1"构成长尾式差分放大电路。

（1）差分放大电路的调零。

将放大电路输入端 A、B 与地短接，接通 ±12 V 直流电源，用直流电压表测量输出电压 u_o，调节调零电位器 R_P，使 $u_o=0$。实验时应注意调节要仔细，力求准确。

（2）测量静态工作点。

零点调好以后，用直流电压表分别测量 VT_1、VT_2 三个电极的电位及电阻 R_E 两端的电压 U_{R_E}，记入表 1-4-1。

表 1-4-1　长尾式差动放大电路的静态测量与计算

测量值	U_{C1}/V	U_{B1}/V	U_{E1}/V	U_{C2}/V	U_{B2}/V	U_{E2}/V	U_{R_E}/V
计算值	U_{BE1}/V	U_{CE1}/V	I_{C1}/mA	U_{BE2}/V	U_{CE2}/V	I_{C2}/mA	I_E/mA

2）恒流源式差分放大电路的静态测试

将开关 S 拨向"2"，构成恒流源式差分放大电路。

（1）差分放大电路的调零。

用直流电压表测量输出电压 u_o，调节调零电位器 R_P，使 $u_o=0$。

（2）测量静态工作点。

零点调好以后，用直流电压表分别测量 VT_1、VT_2 三个电极的电位及电阻 R_{E3} 两端的电压 $U_{R_{E3}}$，记入表 1-4-2。

表 1-4-2　恒流源式差分放大电路的静态测量与计算

测量值	U_{C1}/V	U_{B1}/V	U_{E1}/V	U_{C2}/V	U_{B2}/V	U_{E2}/V	$U_{R_{E3}}/V$
计算值	U_{BE1}/V	U_{CE1}/V	I_{C1}/mA	U_{BE2}/V	U_{CE2}/V	I_{C2}/mA	$I_{R_{E3}}/mA$

2. 差分放大电路的动态测试

差分放大电路的输入信号既可采用直流信号也可采用交流信号。本实验由函数信号发生器提供频率 $f=1\sim2\,kHz$ 的正弦信号作为输入信号。

（1）测量差模电压放大倍数。

调节频率 $f=1\sim2\,kHz$、幅度合适的正弦信号 u_i，加在放大电路的输入端 A、B 之间，构成差模输入方式。

先将开关 S 拨向"1"构成长尾式差分放大电路。逐渐增大输入电压 u_i（约 100 mV），在输出波形无失真的情况下，用交流毫伏表测 u_i、u_{C1}、u_{C2}、u_o，记入表 1-4-3 中相应栏，并用示波器观察 u_i 与 u_{C1}、u_{C2}、u_o 之间的相位关系（关系到 u_{C1}、u_{C2}、u_o 的正、负）。

再将开关 S 拨向"2"构成恒流源式差分放大电路。在输出波形无失真的情况下，用交流毫伏表测 u_i、u_{C1}、u_{C2}、u_o，记入表 1-4-3 中相应栏。

（2）测量共模电压放大倍数。

将放大电路 A、B 端短接后接入信号源（频率 $f=1\sim2\,kHz$、幅度合适的正弦信号 u_i），信号源的接地端与放大电路的接地端相连，构成共模输入方式。

先将开关 S 拨向"1"构成长尾式差分放大电路,在输出电压无失真的情况下,测量 u_{C1}、u_{C2}、u_o 之值并记入表 1-4-3 中相应栏,并用示波器观察 u_i、u_{C1}、u_{C2} 之间的相位关系。

再将开关 S 拨向"2"构成恒流源式差分放大电路,在输出电压无失真的情况下,测量 u_{C1}、u_{C2}、u_o 之值并记入表 1-4-3 中相应栏,并用示波器观察 u_i、u_{C1}、u_{C2} 之间的相位关系。

根据以上测量计算结果分别计算长尾式、恒流源式差分放大电路的共模抑制比 K_{CMR},记入表 1-4-3 中。

表 1-4-3　差动放大电路的动态测量与计算

	测量项目	长尾式差分放大电路		恒流源式差分放大电路	
		差模输入	共模输入	差模输入	共模输入
测量值	U_i/V				
	U_{C1}/V				
	U_{C2}/V				
	U_o/V				
计算值	$A_{d1}=U_{C1}/U_{id}$		—		—
	$A_d=U_o/U_{id}$		—		—
	$A_{C1}=U_{C1}/U_{iC}$	—		—	
	$A_c=U_o/U_{iC}$	—		—	
	$K_{CMR}=\left\|\dfrac{A_d}{A_c}\right\|$				

五、实验报告与要求

按照实验目的、实验原理、实验设备、实验内容、实验数据、实验总结撰写实验报告,具体要求如下:

(1) 整理实验数据,比较实验结果和理论估算值,分析误差原因。

(2) 对典型长尾式差分放大电路与恒流源式差分放大电路的 CMRR 值进行比较,说明其对共模信号的抑制情况。

(3) 比较 u_i、u_{C1}、u_{C2} 之间的相位关系。

(4) 根据实验结果,总结电阻 R_E 和恒流源的作用。

六、问题思考与练习

(1) 根据实验电路参数,估算典型长尾式差分放大电路和具有恒流源的差分放大电路的静态工作点及差模电压放大倍数(取 $\beta_1=\beta_2=100$)。

(2) 测量静态工作点时,放大器输入端 A、B 与地应如何连接?

(3) 怎样进行静态调零?用什么仪表测 U_o?

(4) 怎样用交流毫伏表测双端输出电压 U_o?

(5) 如何在差分放大电路输入端施加差模输入信号或共模输入信号?

实验五 负反馈放大电路的测试

一、实验目的

(1) 理解在放大电路中引入负反馈的方法及反馈类型的判断方法。

(2) 理解负反馈对放大电路各项性能指标的影响。

(3) 学习负反馈放大电路的测试方法。

二、实验设备与器件

本实验所需的设备与器件包括：① +12 V 直流电源；② 函数信号发生器；③ 双踪示波器；④ 交流毫伏表；⑤ 直流电压表；⑥ 负反馈放大电路实验线路板。

三、实验原理

负反馈在电子电路中有着非常广泛的应用，虽然它会使放大电路的放大倍数降低，但它能在多方面改善放大电路的动态指标，如稳定放大倍数，改变输入、输出电阻，减小非线性失真和展宽通频带等。因此，几乎所有的实用放大电路都带有负反馈。

负反馈放大电路有四种组态，即电压串联、电压并联、电流串联、电流并联。本实验以电压串联负反馈为例，分析负反馈对放大电路各项性能指标的影响。

图 1-5-1 为带有负反馈的两级阻容耦合放大电路，接通开关 S_1、S_2，在电路中通过 R_f 把输出电压 u_{o2} 引回到输入端，根据反馈的判断法可知，它属于电压串联负反馈。

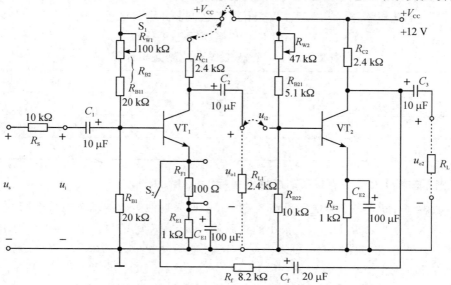

图 1-5-1 带有电压串联负反馈的两级阻容耦合放大电路

主要性能指标如下：

（1）闭环电压放大倍数。其计算公式如下：

$$A_{uf} = \frac{A_u}{1 + A_u F_u}$$

式中：A_u 是基本放大电路（无反馈）的电压放大倍数，即开环电压放大倍数；$1 + A_u F_u$ 称为反馈深度，它的大小决定了负反馈对放大电路性能改善的程度。

（2）反馈系数。其计算公式如下：

$$F_u = \frac{R_{F1}}{R_f + R_{F1}}$$

（3）输入电阻。其计算公式如下：

$$R_{if} = (1 + A_u F_u) R_i$$

式中：R_i 是基本放大电路的输入电阻。若考虑反馈环外电阻影响，则该电路的输入电阻为

$$R'_{if} = R_{B1} // R_{B2} // R_{if} \approx R_{B1} // R_{B2}$$

（4）输出电阻。其计算公式如下：

$$R_{of} = \frac{R_o}{1 + A_u F_u}$$

式中：R_o 是基本放大电路的输出电阻；A_u 为基本放大电路 $R_L = \infty$ 时的电压放大倍数。

计算负反馈放大器的基本放大器电压放大倍数时，既要去掉反馈作用，又要考虑反馈网络的负载效应，因此计算过程较复杂，这里不作介绍。A_u 一般很大，理想情况下一般认为 $A_u = \infty$，因此，$R_o \approx 0$。

四、实验内容与步骤

1. 测量静态工作点

$S_1 \rightarrow$ 通，$S_2 \rightarrow$ 断，按图 $1-5-1$ 连接实验电路。$V_{CC} = +12\ V$，$U_i = 0$，调节 R_{W1}、R_{W2}，使 VT_1、VT_2 的集电极电位均为 $7.2\ V$。用直流电压表分别测量第一级、第二级晶体管各极对地直流电位，记入表 $1-5-1$ 中，并计算出各级静态工作点。

表 $1-5-1$　静态工作点的测量与计算

项目	测 量 值			计 算 值		
	U_B/V	U_E/V	U_C/V	U_{BE}/V	U_{CE}/V	I_C/mA
第一级						
第二级						

2. 测试基本放大电路的各项动态性能指标（A_u、R_i、R_o）

$S_1 \rightarrow$ 通，$S_2 \rightarrow$ 断，将实验电路反馈效应去掉，即为近似等效的基本放大电路。

将频率为 $f = 1 \sim 2\ kHz$、幅度很小的正弦信号 u_s 输入到基本放大电路，用示波器观察 u_o 的波形。u_o 的波形如果失真，可以反复调节 u_s 的幅度和 R_{W1}、R_{W2} 以消除失真。在 u_o 不失真的情况下，用交流毫伏表测量一组 U_s、U_i、U_o（空载）、U_L（负载），记入表 $1-5-2$。结合 R_s、R_L 的值可以计算开环放大倍数 A_u、输入电阻 R_i、输出电阻 R_o。

表 1 – 5 – 2　基本放大电路的动态测量与计算

负载	测量值				计算值			
$R_L/k\Omega$	U_s/mV	U_i/mV	U_L/V	U_o/V	A_{uf}	A_{usf}	$R_i/k\Omega$	$R_o/k\Omega$
∞				—				
2.4								

3. 测试负反馈放大电路的各项性能指标(A_{uf}、R_i、R_o)

S_2 闭合，加上负反馈。在放大电路输入端加上 $f=1\sim2\,kHz$、幅度合适的 u_s 正弦信号，用示波器监视输出波形 u_o，在 u_o 不失真的情况下，用交流毫伏表测量 U_s、U_i、U_o(空载)、U_L(负载)，计算负反馈放大电路的闭环放大倍数 A_{uf}、输入电阻 R_{if} 和输出电阻 R_{of}，记入表 1 – 5 – 3。

表 1 – 5 – 3　负反馈放大电路的动态测量与计算

负载	测量值				计算值			
$R_L/k\Omega$	U_s/mV	U_i/mV	U_L/V	U_o/V	A_{uf}	A_{usf}	$R_{if}/k\Omega$	$R_{of}/k\Omega$
∞				—				
2.4				—				

4. 观察负反馈对非线性失真的改善

先将实验电路中的 S_2 断开，在输入端加入 $f=1\sim2\,kHz$ 的正弦信号 u_s，用示波器观察 u_{o2} 的波形，逐渐增大输入信号的幅度，使输出波形刚刚出现失真。再将 S_2 闭合，观察输出端电压波形的变化。

五、实验报告与要求

按照实验目的、实验原理、实验设备、实验内容、实验数据、实验总结撰写实验报告，具体要求如下：

(1) 对基本放大电路和负反馈放大电路动态参数的实测值和理论估算值列表进行比较。

(2) 根据实验结果，总结电压串联负反馈对放大电路性能的影响。

(3) 写出该负反馈放大电路 R_i 和 R_o 的计算表达式(注意反馈环外的电阻)。

六、问题思考与练习

(1) 取 $\beta_1=\beta_2=100$，按实验电路(图 1 – 5 – 1)估算放大电路的静态工作点。

(2) 估算基本放大电路的放大倍数 A_u、输入电阻 R_i、输出电阻 R_o。

(3) 按深度负反馈估算的负反馈放大电路的 A_{uf}、R_{if}、R_{of} 和测量值是否一致？为什么？

(4) 若输入信号存在失真，能否用负反馈来改善？

实验六　集成运算放大器性能指标的测试

一、实验目的

（1）掌握运算放大器主要性能指标的测试方法。

（2）通过对运算放大器 μA741 指标的测试，了解集成运算放大器主要参数的定义和表示方法。

二、实验设备与器件

本实验所需的设备与器件包括：① ±12 V 直流电源；② 函数信号发生器；③ 双踪示波器；④ 交流毫伏表；⑤ 直流电压表；⑥ 集成运算放大器 μA741×1；⑦ 电阻器、电容器若干。

三、实验原理

集成运算放大器是一种模拟集成电路，和其他半导体器件一样，可以通过一些性能指标来衡量其质量的优劣。为了正确使用集成运放，就必须了解它的主要参数指标。集成运放的各项指标通常是由专用仪器进行测试的，这里介绍的是一种简易测试方法。

本实验采用的集成运放型号为 μA741，引脚排列及连接示意图如图 1-6-1 所示，它是八脚双列直插式组件，2 脚和 3 脚为反相和同相输入端，6 脚为输出端，7 脚和 4 脚为正、负电源端，2 脚和 5 脚为调零端，1、5 脚之间可接入一只几十千欧的电位器并将滑动触头通过几千欧的电阻接到负电源端，8 脚为空脚。

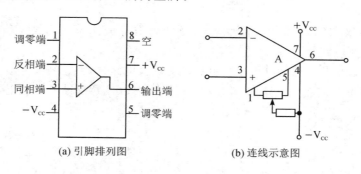

(a) 引脚排列图　　　　　　(b) 连线示意图

图 1-6-1　μA741 引脚排列图及连线示意图

1. μA741 主要指标测试

1）输入失调电压 U_{IO}

对于理想运放器件，当输入信号为零时，其输出信号也为零。但即使是最优质的集成器件，由于运放内部差动输入级参数的不完全对称，因此输出电压也往往不为零。这种零输入时输出不为零的现象称为零点漂移或集成运放失调。

输入失调电压 U_{IO} 是指输入信号为零时，将输出端的漂移电压折算到同相输入端的电压值。

失调电压测试电路如图 1-6-2 所示。闭合开关 S_1 及 S_2，使电阻 R_{B1}、R_{B2} 短接，则此时的输出电压 U_{o1} 即为输出失调电压，由图 1-6-2 可得输入失调电压为

$$U_{\text{IO}} = \frac{R_1}{R_1 + R_{\text{F}}} U_{\text{o1}}$$

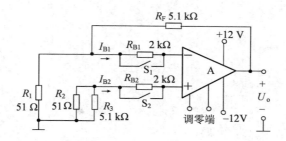

图 1-6-2　U_{IO} 和 I_{IO} 的测试电路

实际测出的 U_{IO} 一般为 $1 \sim 5$ mV，对于高质量的运放，U_{IO} 一般在 1 mV 以下。

测试中应注意：将运放调零端开路；要求电阻 R_1 和 R_2，R_3 和 R_{F} 的参数严格对称。

2）输入失调电流 I_{IO}

输入失调电流 I_{IO} 是指当输入信号为零时，运放的两个输入端的基极偏置电流之差，即

$$I_{\text{IO}} = | I_{\text{B1}} - I_{\text{B2}} |$$

输入失调电流的大小反映了运放内部差动输入级两个晶体管 β 的失配度，由于 I_{B1}、I_{B2} 本身的数值已经很小（微安级），因此它们的差值通常不是直接测量的，其测试电路如图 1-6-2 所示，测试分两步进行：

（1）闭合开关 S_1 和 S_2，在低输入电阻下，测出输出电压 U_{o1}，如前所述，这是由输入失调电压 U_{IO} 所引起的输出电压。

（2）断开 S_1 和 S_2，接入两个输入电阻 R_{B1}、R_{B2}，由于它们的阻值较大，流经它们的输入电流的差异，将变成输入电压的差异，因此也会影响输出电压的大小，可见只要测出两个电阻 R_{B1}、R_{B2} 接入时的输出电压 U_{o2}，再从中扣除输入失调电压 U_{IO} 的影响，则输入失调电流为

$$I_{\text{IO}} = | I_{\text{B1}} - I_{\text{B2}} | = | U_{\text{o2}} - U_{\text{o1}} | \frac{R_1}{R_1 + R_{\text{F}}} \cdot \frac{1}{R_{\text{B1}}}$$

一般情况下，I_{IO} 约为几十至几百纳安，高质量运放的 I_{IO} 一般低于 1 nA。

测试中应注意：将运放调零端开路；两输入端电阻 R_{B1} 和 R_{B2} 必须精确配对。

3）开环差模放大倍数 A_{od}

集成运放在没有外部反馈时的直流差模放大倍数称为开环差模放大倍数，用 A_{od} 表示，它定义为开环输出电压 U_{o} 与两个差分输入端之间所加信号电压 U_{id} 之比，即

$$A_{\text{od}} = \frac{U_{\text{o}}}{U_{\text{id}}}$$

　　根据以上定义，A_{od}应是信号频率为零时的直流电压放大倍数，但为了测试方便，通常采用低频正弦交流信号进行测量。由于集成运放的开环电压放大倍数很高，难以直接进行测量，故一般采用闭环测量方法。A_{od}的测试方法很多，本实验采用的是交、直流同时闭环的测试方法，如图 1 - 6 - 3 所示。

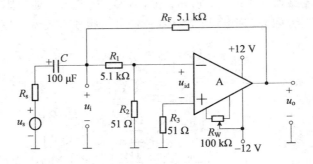

图 1 - 6 - 3　A_{od}测试电路

被测运放的开环电压放大倍数为

$$A_{od}=\frac{U_o}{U_{id}}=\left(1+\frac{R_1}{R_2}\right)\frac{U_o}{U_i}$$

通常低增益运放 A_{od} 约为 60～70 dB，高增益在 100 dB 以上，可达 120～140 dB。

　　测试中应注意：测试前电路应首先消振及调零；被测运放要工作在线性区；输入信号频率应较低，一般为 50～100 Hz，输出信号幅度应较小，且无明显失真。

　　4）共模抑制比 K_{CMR}

　　集成运放的差模电压放大倍数 A_d 与共模电压放大倍数 A_c 之比称为共模抑制比，即

$$K_{CMR}=\left|\frac{A_d}{A_c}\right| \quad 或 \quad K_{CMR}=20\log\left|\frac{A_d}{A_c}\right| \quad (dB)$$

　　共模抑制比在应用中是一个很重要的参数。理想运放输入共模信号时其输出应为零。但实际运放的输出通常含有共模信号的成分。输出端共模信号成分愈小，说明电路对称性愈好，也就是说运放对共模干扰信号的抑制能力愈强，即 K_{CMR} 愈大。

　　K_{CMR} 的测试电路如图 1 - 6 - 4 所示。

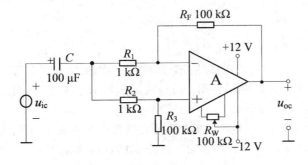

图 1 - 6 - 4　K_{CMR}测试电路

集成运放工作在闭环状态下的差模电压放大倍数为

$$A_{\mathrm{d}} = -\frac{R_{\mathrm{F}}}{R_1}$$

当接入低频共模输入信号 u_{ic} 时，测得 U_{ic} 及 U_{oc}，则共模电压放大倍数为

$$A_{\mathrm{c}} = \frac{U_{\mathrm{oc}}}{U_{\mathrm{ic}}}$$

可得共模抑制比为

$$K_{\mathrm{CMR}} = \left| \frac{A_{\mathrm{d}}}{A_{\mathrm{c}}} \right| = \frac{R_{\mathrm{F}}}{R_1} \frac{U_{\mathrm{ic}}}{U_{\mathrm{oc}}}$$

测试中应注意：消振与调零；R_1 与 R_2，R_3 与 R_{F} 之间阻值严格对称；输入信号 u_{ic} 的大小 u_{ic} 须小于集成运放的最大共模输入电压范围 U_{icm}。

5）共模输入电压范围 U_{icm}

集成运放共模输入电压不能超过 U_{icm}，若超出这个范围，则运放的 K_{CMR} 会大大下降，使输出波形产生失真，有些运放还会出现"自锁"现象甚至产生永久性的损坏。

U_{icm} 的测试电路如图 1-6-5 所示。

被测运放接成电压跟随器形式，输出端接示波器，调节输入信号电压 u_{i}，使输出电压 u_{o} 幅度最大且不失真，观察此时的最大不失真输出电压波形，从而确定输入的 U_{icm} 值。

6）输出电压最大动态范围 U_{opp}

集成运放的动态范围与电源电压、外接负载及信号源频率有关。

测试电路如图 1-6-6 所示。改变 u_{i} 幅度，观察 u_{o} 削顶失真开始时刻，从而确定 u_{o} 的最大不失真范围，这就是运放在某一电源电压下可能输出的电压峰-峰值 U_{opp}。

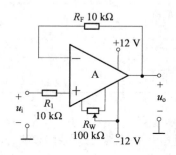
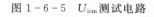
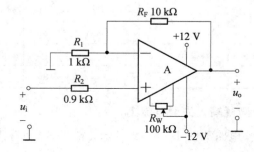

图 1-6-5　U_{icm} 测试电路　　　　　　　　　图 1-6-6　U_{opp} 测试电路

2. 集成运放在使用时应考虑的一些问题

（1）输入信号选用交、直流量均可，但在选取信号的频率和幅度时，应考虑运放的频响特性和输出幅度的限制。

（2）调零。为提高运算精度，在运算前，应首先对直流输出电位进行调零，即保证输入为零时，输出也为零。将运放的调零端按要求接入调零电位器 R_{W}。调零时，将输入端接地，用直流电压表测量输出电压 U_{o}，细心调节 R_{W}，使 U_{o} 为零（即失调电压为零）。

一个运放如不能调零，大致有如下原因：① 器件正常，但接线有错误。② 器件正常，但负反馈不够强（R_{F}/R_1 太大），为此可将 R_{F} 短路，观察是否能调零。③ 器件正常，但由于

输入的共模输入电压太高，可能出现自锁现象，因而不能调零。为此可将电源断开后，再重新接通，如能恢复正常，则属于这种情况。④ 器件正常，但电路有自激现象，应进行消振。⑤ 器件内部损坏，应更换好的集成块。

（3）消振。一个集成运放自激时，表现为即使输入信号为零，亦会有输出，使各种运算功能无法实现，严重时还会损坏器件。在实验中，可用示波器监视输出波形。为消除运放的自激，常采用如下措施：① 若运放有相位补偿端子，可外接 RC 补偿电路，产品手册中提供了补偿电路及元件参数。② 电路布线、元器件布局应尽量减少分布电容。③ 在正、负电源进线与地之间接上几十微法的电解电容和 $0.01\sim0.1\ \mu F$ 的陶瓷电容相并联以减小电源引线的影响。

四、实验内容与步骤

实验前对照图 1-6-1 认清集成运放引脚排列及电源电压极性及数值，切忌电源电压接错、极性接反。

1. 测量输入失调电压 U_{IO}

按图 1-6-2 连接实验电路，闭合开关 S_1、S_2，用直流电压表测量输出端电压 U_{o1}，并计算 U_{IO}，将测量和计算结果记入表 1-6-1。

表 1-6-1　运算放大器主要性能指标的测量

测量电压值/mV							
U_{o1}	U_{o2}	U_i	U_o	U_{ic}	U_{oc}	U_{icm}	U_{opp}
主要性能指标的测算值与典型值							
U_{IO}/mV		I_{IO}/nA		A_{od}/dB		K_{CMR}/dB	
测算值	典型值	测算值	典型值	测算值	典型值	测算值	典型值
	$2\sim10$		$50\sim100$		$100\sim106$		$80\sim86$

2. 测量输入失调电流 I_{IO}

实验电路如图 1-6-2 所示，打开 S_1、S_2，用直流电压表测量 U_{o2}，并计算 I_{IO}，记入表 1-6-1。

3. 测量开环差模电压放大倍数 A_{od}

按图 1-6-3 连接实验电路，运放输入端加频率为 100 Hz，大小约 30～50 mV 的正弦信号，用示波器监视输出波形。用交流毫伏表测量 U_o 和 U_i，并计算 A_{od}，记入表 1-6-1。

4. 测量共模抑制比 K_{CMR}

按图 1-6-4 连接实验电路，运放输入端加 $f=100$ Hz、$U_{ic}=1\sim2$ V 的正弦信号，用示波器监视输出波形。测量 U_{oc} 和 U_{ic}，由此计算 K_{CMR}，记入表 1-6-1。

5. 测量共模输入电压范围 U_{icm} 及输出电压最大动态范围 U_{opp}

（1）按照图 1-6-5 接好实验测试电路，输入端接正弦信号源，输出端接示波器，观

测最大不失真输出 u_o 的波形。调 u_i 使 u_o 幅度最大且不失真，测量此时的输入信号电压即为 U_{icm} 值。

（2）按照图 1-6-6 接好实验测试电路，输入端接正弦信号源，输出端接示波器，改变 u_i 幅度，观察 u_o 即将削顶失真的开始时刻，此时刻的输出信号电压即为最大不失真输出电压 U_{om}，用示波器测量即可得到最大不失真输出电压的峰-峰值 U_{opp}。

将上述（1）、（2）的测量结果记入表 1-6-1 中。

五、实验报告与要求

按照实验目的、实验原理、实验设备、实验内容、实验数据、实验总结撰写实验报告，具体要求如下：

（1）将所测得的数据与典型值进行比较。

（2）对实验结果及实验中碰到的问题进行分析、讨论。

六、问题思考与练习

（1）怎样进行静态调零？用什么仪表测 U_o？

（2）运放不能调零的原因有哪些？如何解决？

（3）运放为什么要消振？如何消振？有哪些措施？

（4）如何获得输出电压的最大动态范围？

实验七　集成运算放大器的典型应用

一、实验目的

（1）掌握由集成运算放大器组成的比例、加法、减法和积分等基本运算电路的结构、工作原理及测试方法。

（2）掌握由集成运算放大器组成的电压比较器的电路特点和测试方法。

二、实验设备与器件

本实验所需的设备与器件包括：① ±12 V 直流电源；② 函数信号发生器；③ 交流毫伏表；④ 直流电压表；⑤ 集成运放 μA741×1，稳压管 2CW231×1；⑥ 电阻器、电容器若干。

实验采用芯片 μA741 的引脚排列及功能如图 1-7-1 所示。

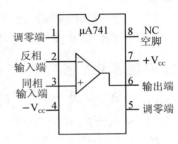

图 1-7-1　μA741 引脚排列及功能

三、实验原理

集成运算放大器（简称运放）是一种具有高开环电压放大倍数的直接耦合多级放大电路，当其外部接入不同的线性或非线性元器件组成负反馈电路时，可以灵活地实现各种特定的函数关系。在线性应用方面，集成运算放大器可组成比例、加法、减法、积分、微分、对数等模拟运算电路；在非线性应用方面，可组成电压比较器、振荡器等。

理想运算放大器的主要性能指标如下：

（1）开环电压增益：$A_{ud} = \infty$；

（2）输入阻抗：$R_i = \infty$；

（3）输出阻抗：$R_o = 0$；

（4）失调与漂移均为零。

理想运算放大器在线性应用时的两个重要特性如下：

（1）输出电压 U_o 与输入电压之间满足以下关系式：

$$U_o = A_{ud}(U_+ - U_-)$$

由于 $A_{ud} = \infty$，而 U_o 为有限值，因此，$(U_+ - U_-) = 0$，即 $U_+ = U_-$，称为"虚短"。

（2）由于 $R_i = \infty$，则流进运放输入端的电流可视为零，即 $I_+ = I_- = 0$，称为"虚断"。

上述两个特性是分析理想运放应用电路的基本原则，可简化对基本运算电路的分析。

1. 基本运算电路

由集成运算放大器组成的基本运算电路有比例运算电路、加法运算电路、减法运算电路、积分运算电路等。

1）比例运算电路

（1）反相输入比例运算电路。实验电路如图 1-7-2 所示。根据理想运放的特性及电路参数，该电路的输出电压与输入电压之间的关系为

$$U_{o} = -\frac{R_{F}}{R_{1}}U_{i} = -10U_{i}$$

为了减小输入级不对称引起的运算误差，在同相输入端应接入平衡电阻 R_{2}，$R_{2} = R_{1} /\!/ R_{F}$。

（2）同相输入比例运算电路。实验电路如图 1-7-3 所示，根据理想运放的特性及电路参数，可以分析得到它的输出电压与输入电压之间的关系为

$$U_{o} = \left(1 + \frac{R_{F}}{R_{1}}\right)\frac{R_{3}}{R_{2} + R_{3}}U_{i} = 10U_{i}$$

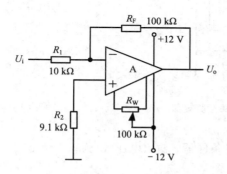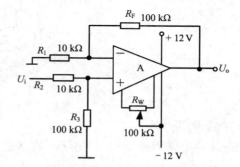

图 1-7-2　反相输入比例运算电路　　　　图 1-7-3　同相输入比例运算电路

2）加法运算电路

（1）反相输入加法运算电路。实验电路如图 1-7-4 所示，根据理想运放的特性及电路参数，可以分析得到它的输出电压与输入电压之间的关系为

$$U_{o} = -\left(\frac{R_{F}}{R_{11}}U_{i1} + \frac{R_{F}}{R_{12}}U_{i2}\right) = -(U_{i1} + U_{i2})$$

（2）同相输入加法运算电路。实验电路如图 1-7-5 所示，根据理想运放的特性及电路参数，由叠加定理可以分析得到它的输出电压与输入电压之间的关系为

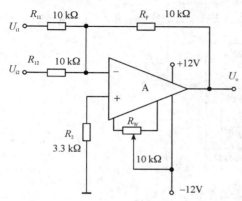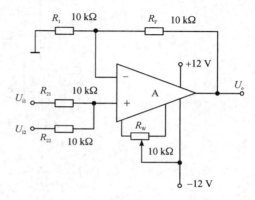

图 1-7-4　反相输入加法运算电路　　　　图 1-7-5　同相输入加法运算电路

$$U_o = \left(1 + \frac{R_F}{R_1}\right)\frac{R_{22}}{R_{21} + R_{22}}U_{i1} + \left(1 + \frac{R_F}{R_1}\right)\frac{R_{21}}{R_{21} + R_{22}}U_{i2} = U_{i1} + U_{i2}$$

3）减法运算电路

对于图 1-7-6 所示的减法运算电路，由 $R_1 = R_2$，$R_3 = R_F$，可推导出运算关系式：

$$U_o = \frac{R_F}{R_1}(U_{i2} - U_{i1}) = 10(U_{i2} - U_{i1})$$

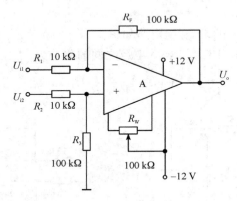

图 1-7-6　减法运算电路

4）积分运算电路

积分运算电路如图 1-7-7 所示。在理想化条件下，输出电压 u_o 为

$$u_o(t) = \frac{1}{R_1 C}\int_0^t u_i \mathrm{d}t + u_C(0)$$

式中：$u_C(0)$ 是 $t = 0$ 时刻电容 C 两端的电压值，即初始值。

在进行积分运算之前，首先应对运放调零。闭合 S_1，即通过电阻 R_2 的负反馈作用实现调零。但在完成调零后，应将 S_1 打开，以免因 R_2 的接入造成积分误差。

S_2 的设置一方面可为积分电容放电提供通路，同时可实现积分电容初始电压 $u_C(0) = 0$；另一方面，可控制积分起始点，即在加入信号 u_i 后，只要 S_2 一打开，电容就将被恒流充电，电路也就开始进行积分运算。

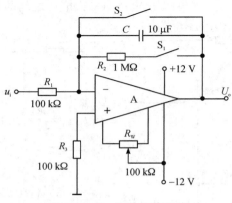

图 1-7-7　积分运算电路

2. 电压比较器

电压比较器是集成运放非线性应用电路，它将一个模拟量电压信号和一个参考电压相比较，在二者幅度相等的附近，输出电压将产生跃变，相应输出高电平或低电平。

电压比较器可以组成非正弦波形变换电路或应用于模拟与数字信号转换等领域。

常用的电压比较器有过零比较器、滞回比较器、双限比较器（又称窗口比较器）等。

图 1-7-8(a) 所示为一简单的电压比较器及其电压传输特性，U_R 为参考电压，加在运放的同相输入端，输入电压 u_i 加在反相输入端。

当 $u_i < U_R$ 时，运放输出正饱和，稳压管 VD_Z 反向击穿，$u_o = U_Z$。

当 $u_i > U_R$ 时，运放输出负饱和，VD_Z 正向导通，$u_o = -U_D \approx 0$。

当 $U_R = 0$ 时，该电压比较器为过零比较器。

过零比较器结构简单，灵敏度高，但抗干扰能力差。在实际工作时，如果 u_i 恰好在过零值附近，则由于零点漂移的存在，u_o 将不断由一个极限值转换到另一个极限值，这在控制系统中，对执行机构将是很不利的。

为此，就需要输出特性具有滞回现象。图 1-7-8(b) 所示为滞回比较器及其电压传输特性，从输出端引一个正反馈支路到同相输入端，若 u_o 改变状态，则 Σ 点电位也随着改变。

当 $u_o = +U_Z$ 时，$U_\Sigma = \dfrac{R_2}{R_f + R_2} U_Z = U_{T+}$；

当 $u_i > U_{T+}$ 后，u_o 变为 $-U_Z$，此时 $U_\Sigma = \dfrac{R_2}{R_f + R_2}(-U_Z) = U_{T-}$；

只有当 u_i 下降到 $u_i < U_{T-}$ 时，u_o 才能再度回升到 $+U_Z$。

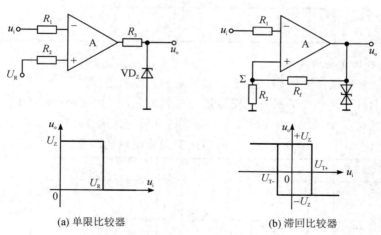

(a) 单限比较器　　　　　　　　(b) 滞回比较器

图 1-7-8　单限比较器和滞回比较器

四、实验内容与步骤

实验前，看清运放器件 $\mu A741$ 各引脚的位置，切忌正、负电源极性接反和输出端短路，否则将会损坏运放器件。

输入直流信号采用模拟实验面板上的 $-5\,V \sim +5\,V$ 直流电压源，如图 1-7-9 所示。

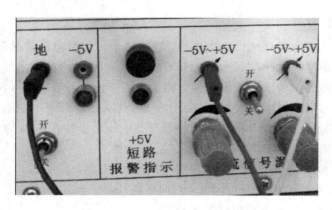

图 1-7-9　可调直流电压信号源

1．比例运算电路

1）反相输入比例运算电路

按图 1-7-2 连接实验电路，接通 ±12 V 电源，首先进行调零。

然后接入输入信号 u_i（$u_i = 0.5$ V/1 kHz），用交流毫伏表测量输入电压 U_i 及相应的输出电压 U_o，并用示波器观察 u_o 和 u_i 的相位关系，记入表 1-7-1。

表 1-7-1　反相比例运算电路的测量

U_i/V	U_o/V	u_i 波形	u_o 波形	A_u	
				实测值	计算值

2）同相输入比例运算电路

按图 1-7-3 连接实验电路，接通 ±12 V 电源，首先进行调零。

将 $f = 1$ kHz，$U_i = 0.5$ V 的正弦交流信号加到输入端，用交流毫伏表测量 U_i 及相应的 U_o，并用示波器观察 u_o 和 u_i 的相位关系，将测量结果记入表 1-7-2。

表 1-7-2　同相比例运算电路的测量

U_i/V	U_o/V	u_i 波形	u_o 波形	A_u	
				实测值	理论值

2．加法运算电路

1）反相输入加法运算电路

按照图 1-7-4 接线，调零后加输入信号。输入直流信号 U_{i1}、U_{i2} 由图 1-7-8 所示的两组直流稳压电源提供，接线时注意信号源和实验电路的共地，按表 1-7-3 进行测量。

表 1-7-3 反相输入加法运算电路的测量

输　入	U_{i1}/V	1	3	5
	U_{i2}/V	6	4	2
输　出	U_o/V			
A_u	测量值			
	理论值			

2）同相输入加法电路

按照图 1-7-5 接线，调零后加输入信号。输入信号 U_{i1}、U_{i2} 由两组直流稳压电源提供，按表 1-7-4 进行测量。

表 1-7-4 同相输入加法运算电路的测量

输　入	U_{i1}/V	1	3	5
	U_{i2}/V	6	4	2
输　出	U_o/V			
A_u	测量值			
	理论值			

3. 减法运算电路

将图 1-7-6 的两组可调直流信号源分别接图 1-7-5 的两个输入端（注意信号源和实验电路共地），作为减法运算电路的信号输入 U_{i1}、U_{i2}。改变直流信号源的输出电压，用直流电压表测量 U_{i1}、U_{i2}、U_o，将结果记入表 1-7-5。

输入 U_{i1}、U_{i2} 的值可以参考表 1-7-5，也可以自己设定。

表 1-7-5 减法运算电路的测量

输　入		输　出	A_u	
U_{i1}/V	U_{i2}/V	U_o/V	实测计算值	理论计算值
1.5	2			
2.5	3			
4.5	4			

4. 积分运算电路

实验电路如图 1-7-7 所示。

（1）打开 S_2，闭合 S_1，对运放输出进行调零。

（2）调零完成后，再打开 S_1，闭合 S_2，使 $u_C(0)=0$。

（3）预先调好直流输入电压 $U_i=0.5$ V，接入实验电路，再打开 S_2，然后用直流电压表测量输出电压 U_o，每隔 5 秒读一次 U_o，记入表 1-7-6，直到 U_o 不继续明显增大为止。

表 1 - 7 - 6　积分运算电路的测量

t/s	0	5	10	15	20	25	30	...
U_o/V								

5. 电压比较器

实验电路如图 1 - 7 - 10 所示。

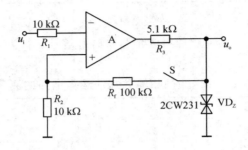

图 1 - 7 - 10　比较器实验电路

(1) 开关 S 打开为过零比较器，u_i 输入 500 Hz、幅值为 2 V 的正弦信号，用示波器观察 u_i、u_o 的波形并记录。

(2) 开关 S 闭合为滞回比较器，u_i 接 ±5 V 可调直流电源，测出 u_o 跳变时 u_i 的临界值。然后 u_i 接 500 Hz、幅度合适的正弦信号，观察并记录 u_i、u_o 的波形。

五、实验报告与要求

按照实验目的、实验原理、实验设备、实验内容、实验数据、实验总结撰写实验报告，具体要求如下：

(1) 整理实验数据，画出波形图（注意波形间的相位关系）。

(2) 对理论计算结果和实测数据进行比较，分析产生误差的原因。

(3) 分析讨论实验中出现的现象和问题。

(4) 总结电压比较器的特点，并阐明它们的应用。

六、问题思考与练习

(1) 根据实验电路参数计算各基本运算电路输出电压的理论值。

(2) 在反相比例电路中，如 U_i 采用直流信号，当考虑到运算放大器的最大输出幅度（±12 V）时，$|U_i|$ 的大小不应超过多少伏？

(3) 在积分电路中，如 $R_1 = 100$ kΩ，$C = 4.7$ μF，求时间常数。假设 $U_i = 0.5$ V，问要使输出电压 U_o 达到 5 V，需多长时间（设 $u_C(0) = 0$）？

(4) 滞回电压比较器有什么特点及特性？

实验八　波形发生器

一、实验目的

(1) 学习 RC 正弦波振荡器的组成及其振荡条件。

(2) 学习方波和三角波发生器的组成及其振荡条件。

(3) 学习 RC 正弦波振荡器以及方波和三角波发生器的测量及调试方法。

二、实验设备与器件

本实验所需的设备与器件包括：① ±12 V 直流电源；② 双踪示波器；③ 交流毫伏表；④ 频率计；⑤ RC 串、并联选频网络振荡器实验线路板；⑥ 集成运算放大器 μA741×2；⑦ 稳压管 2CW231×1；⑧ 电阻器、电容器、电位器若干。

三、实验原理

1. RC 正弦波振荡器

从结构上看，正弦波振荡器是没有输入信号的、带选频网络的正反馈放大器。RC 振荡器用 R、C 元件组成选频网络，一般用来产生 1 Hz～1 MHz 的低频信号。放大器可以采用分立元件电路，也可以采用集成运算放大器。

采用集成运放构成的 RC 正弦波振荡器电路如图 1-8-1 所示。

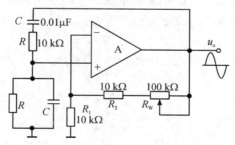

图 1-8-1　RC 串、并联网络振荡器原理图

RC 串、并联电路构成正反馈支路，同时兼作选频网络，R_1、R_2、R_w 构成负反馈和稳幅环节。调节电位器 R_w，可以改变负反馈深度，以满足振荡的振幅条件和改善波形。

本 RC 正弦波振荡器的振荡频率、起振条件、电路特点如下：

振荡频率：
$$f_0 = \frac{1}{2\pi RC}$$

起振条件：
$$|\dot{A}_f| > 3$$

电路特点：可方便地连续改变振荡频率，加负反馈稳幅，容易得到良好的振荡波形。

采用分立元件构成的 RC 串、并联网络正弦波振荡器(文氏电桥)如图 1-8-2 所示。

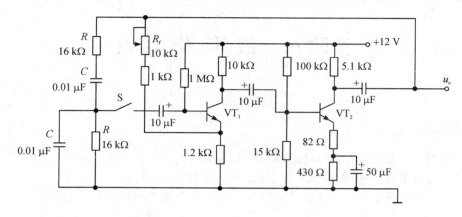

图 1-8-2　RC 串、并联网络正弦波振荡器

调整反馈电阻 R_f,使电路起振,且波形失真最小。如不能起振,则说明负反馈太强,应适当加大 R_f。如波形失真严重,则应适当减小 R_f。

改变选频网络的参数 C 或 R,即可调节振荡频率。一般采用改变电容 C 作频率量程切换(粗调),而调节 R 作量程内的频率细调。

本实验采用分立元件电路,即 RC 串、并联网络正弦波振荡器(文氏电桥)进行实验。

3. 方波、三角波发生器

由集成运放构成的方波发生器和三角波发生器,一般均包括滞回比较器和 RC 积分器两大部分,把滞回比较器和积分器首尾相接形成正反馈闭环系统,如图 1-8-3 所示。比较器 A_1 输出方波,经积分器 A_2 积分输出三角波,三角波又触发滞回比较器自动翻转形成方波,这样即可构成三角波、方波发生器,其输出波形如图 1-8-4 所示。由于采用运放组成的积分电路,可实现恒流充电,因此会使三角波线性度较好。

方波、三角波发生器的振荡频率、幅值如下:

振荡频率:
$$f_0 = \frac{R_2}{4R_1(R_4 + R_W)C}$$

方波幅值:
$$U_{o1m} = \pm U_Z$$

三角波幅值:
$$U_{om} = \frac{R_1}{R_2}U_Z$$

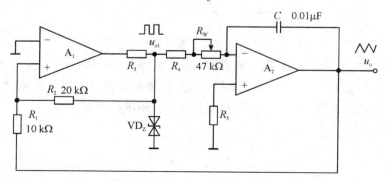

图 1-8-3　方波、三角波发生器

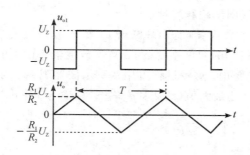

图 1-8-4　方波、三角波发生器输出波形图

调节 R_W 可以改变振荡频率，改变比值 R_1/R_2 可调节三角波的幅值。

四、实验内容与步骤

1. RC 正弦波振荡器

（1）按图 1-8-2 连接线路，接通工作电源。

（2）S 断开，即断开 RC 串、并联网络，测量放大器的静态工作点，记入表 1-8-1。

表 1-8-1　放大器静态工作点的测量与计算

测　量　值			计　算　值		
U_{B1}/V	U_{C1}/V	U_{E1}/V	U_{BE1}/V	U_{CE1}/V	I_{C1}/mA
U_{B2}/V	U_{C2}/V	U_{E2}/V	U_{BE2}/V	U_{CE2}/V	I_{C2}/mA

（3）S 断开，即断开 RC 串、并联网络，测量放大器的电压放大倍数。

将函数信号发生器的 1 kHz 正弦信号输入放大器，调节函数信号发生器的输出电压幅度，在放大器输出电压信号不失真时，用交流毫伏表测量放大器的 U_i 和 U_o，计算电压放大倍数 A_{uf}，记入表 1-8-2。

表 1-8-2　放大器电压放大倍数的测量与计算

测　量　值		计　算　值
U_i/V	U_o/V	A_{uf}

（4）S 闭合，即测量 RC 正弦波振荡器的参数。

接通 RC 串、并联网络，调节 R_f 使电路起振并获得满意的正弦信号，用示波器观测输出电压 u_o 波形，测量振荡周期 T（频率 f）及幅度 U_{opp}，记入表 1-8-3。

表 1-8-3　RC 正弦波振荡器参数的测量

u_o 波形	U_{opp}/V	T/ms	f/Hz	f/Hz 理论值

（5）测量 RC 串、并联网络幅频特性。

将 RC 串、并联网络与放大器断开（S 断开），将函数信号发生器的正弦信号接入 RC 串、并联网络，保持输入信号的幅度不变（约 3 V），改变频率由低到高变化，RC 串、并联网络输出幅值和相位将随之变化。这一过程可用双踪示波器观察。当信号源达到某一频率时，RC 串、并联网络的输出将达最大值（约 1 V 左右），且输入、输出同相位。此时信号源频率大小刚好等于理论计算频率 $f_0 = \dfrac{1}{2\pi RC}$。

2. 方波、三角波发生器

按图 1−8−3 连接实验电路。

（1）将电位器 R_W 调至合适位置，用双踪示波器观察三角波输出 u_o 及方波输出 u_{o1} 的波形，测其幅值、频率，并记入表 1−8−4。

表 1−8−4　方波、三角波发生器的测量

类型	输出波形	U_{opp}/V	T/ms	f/Hz
方波 u_{o1}				
三角波 u_o				

（2）调节 R_W 的大小，观察其对 u_o、u_{o1} 频率的影响。

（3）改变 R_1（或 R_2）的大小，观察其对 u_o、u_{o1} 幅值的影响。

五、实验报告与要求

按照实验目的、实验原理、实验设备、实验内容、实验数据、实验总结撰写实验报告，具体要求如下。

1. 正弦波振荡器

（1）列表整理实验数据，画出波形，把实测频率与理论值进行比较。

（2）根据实验分析 RC 振荡器的振荡条件。

2. 三角波和方波发生器

（1）整理实验数据，把实测频率与理论值进行比较。

（2）在同一坐标纸上，按比例画出三角波及方波的波形，并标明周期和电压幅值。

（3）分析电路参数变化（R_1、R_2 和 R_W）对输出波形频率及幅值的影响。

六、问题思考与练习

（1）估算图 1−8−2 所示的 RC 正弦波振荡器和图 1−8−3 所示的三角波及方波发生器的振荡频率。

（2）为什么在 RC 正弦波振荡电路中要引入负反馈支路？

（3）如何用示波器来测量振荡电路的振荡频率？

实验九　低频 OTL 功率放大器的测试

一、实验目的

(1) 进一步理解 OTL 功率放大器的工作原理。

(2) 学会 OTL 电路的调试方法及主要性能指标的测试方法。

二、实验设备与器件

本实验所需的设备与器件包括：① +5 V 直流电源；② 函数信号发生器；③ 双踪示波器；④ 交流毫伏表；⑤ 直流电压表；⑥ 直流毫安表；⑦ 频率计；⑧ 低频 OTL 功率放大器实验线路板。

三、实验原理

图 1-9-1 所示为 OTL 低频功率放大器实验电路。其中由晶体三极管 VT_1 组成推动级（也称前置放大级），VT_2、VT_3 是一对参数对称的 NPN 和 PNP 型晶体三极管，它们组成互补推挽 OTL 功放电路。由于每一个管子都接成射极输出器形式，因此具有输出电阻低、负载能力强等优点，适合于作功率输出级。VT_1 工作于甲类状态，它的集电极电流 I_{C1} 由电位器 R_{W1} 进行调节。I_{C1} 的一部分流经电位器 R_{W2} 及二极管 VD，给 VT_2、VT_3 提供偏压。调节 R_{W2}，可以使 VT_2、VT_3 得到合适的静态电流而工作于甲乙类状态，以克服交越失

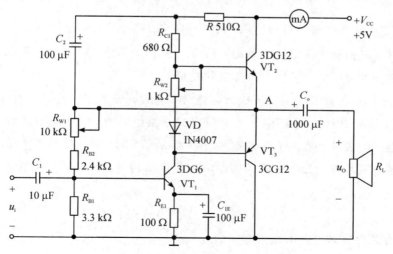

图 1-9-1　OTL 低频功率放大器实验电路

真。静态时要求输出端 A 点的电位 $U_A = V_{CC}/2$，可以通过调节 R_{W1} 来实现，又由于 R_{W1} 的一端接在 A 点，因此在电路中引入交、直流电压并联负反馈，这样一方面能够稳定放大器的静态工作点，另一方面也改善了非线性失真。

当输入正弦交流信号 u_i 时，经 VT_1 放大、倒相后，同时作用于 VT_2、VT_3 的基极。u_i 的负半周使 VT_2 管导通、VT_3 管截止，有电流通过负载 R_L，同时向电容 C_o 充电。在 u_i 的正半周，VT_3 导通、VT_2 截止，则已充电的电容器 C_o 起着电源的作用，通过负载 R_L 放电，这样在 R_L 上就得到完整的正弦波。C_2 和 R 构成自举电路，用于提高输出电压 u_o 正半周的幅度，以得到较大的动态范围。

自举电路的工作原理：在输入信号 u_i 的负半周，VT_2 管导通，基极信号电压较大，管压降较小，容易进入饱和区，使三极管基极电流不能有效地控制集电极电流，造成输出电压 u_o 正半周幅度不足。加入自举电路后，当 u_o 正半周信号出现时，可通过 C_2 和 R 提高 VT_2 管基极电压信号（正反馈），使 VT_2 管发射极输出更大的电流，从而补偿因 VT_2 管压降较小造成的电流输出不足。

OTL 电路的主要性能指标如下：

（1）最大不失真输出功率 P_{om}。理想情况下，最大输出功率可表示为

$$P_{om} \approx \frac{V_{CC}^2}{8R_L}$$

在实验中，可通过测量 R_L 两端的电压有效值 U_o 来求得实际输出功率，即

$$P_o = \frac{U_o^2}{R_L}$$

（2）效率 η。效率 η 可表示为 $\eta = \dfrac{P_o}{P_E} \times 100\%$，则

$$\eta_{max} = \frac{P_{om}}{P_E} \times 100\%$$

式中：P_E 为直流电源供给的平均功率；理想情况下，$\eta_{max} \approx 78.5\%$。

在实验中，可测量电源供给的平均电流 I_{dC}，从而求得 $P_E = V_{CC} I_{dC}$，负载上的交流功率已用上述方法求出，因而也就可以计算实际效率了。

（3）通频带 BW。通频带表征了放大电路对不同频率输入信号的响应能力，从频率响应曲线可以获得 BW。当放大电路输入不同频率的正弦信号时，电路的电压放大倍数会因管子的极间电容及电路中可能存在的电抗性元件而有所不同，因而使得放大倍数成为频率的函数。这种函数关系称为放大电路的频率响应或频率特性，包括幅频特性和相频特性，表达式为

$$\dot{A}_u = |\dot{A}_u|(f) \angle \varphi(f)$$

典型单管共射放大电路的频率响应曲线如图 1-9-2 所示。图中 f_L 为下限频率，f_H 为上限频率，则通频带 $BW = f_H - f_L$。

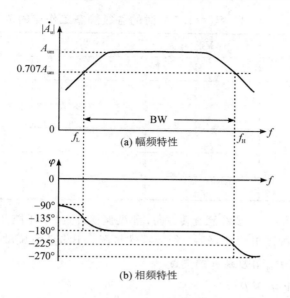

图 1-9-2 单管共射放大电路的频率响应

（4）输入灵敏度。输入灵敏度是指输出最大不失真功率时，相应输入信号 u_i 的有效值 U_{im}。

四、实验内容与步骤

1. 静态工作点的测试

按图 1-9-1 连接实验电路，将输入信号旋钮旋至零（$u_i=0$），电源进线中串入直流毫安表，电位器 R_{w2} 置最小值，R_{w1} 置中间位置。接通+5 V 电源，观察毫安表指示，同时用手触摸输出级管子，若电流过大，或管子温升显著，应立即断开电源检查原因。如无异常现象，则可开始调试。

（1）调节输出端中点电位 U_A。

调节电位器 R_{w1}，用直流电压表测量 A 点电位，使 $U_A=V_{CC}/2$。

（2）调整输出级静态电流及测试各级静态工作点。

调节 R_{w2}，使 VT_2、VT_3 管的 $I_{C2}=I_{C3}=5\sim10$ mA。由于直流毫安表是串联在电源进线中的，因此测得的是整个放大器的电流，但一般 VT_1 的集电极电流 I_{C1} 较小，从而可以把测得的总电流近似当作末级的静态电流。如要准确得到末级静态电流，则可从总电流中减去 I_{C1} 之值。

调整输出级静态电流的另一个方法是动态调试法。先使 $R_{w2}=0$，在输入端接入 $f=1$ kHz 的正弦信号 u_i。逐渐加大输入信号的幅值，此时，输出波形应出现较严重的交越失真，然后缓慢增大 R_{w2}，当交越失真刚好消失时，停止调节 R_{w2}，恢复 $u_i=0$，此时直流毫安表读数即为输出级静态电流。一般数值也应在 $5\sim10$ mA 左右，如过大，则要检查电路。

输出级电流调好以后，测量各级静态工作点，记入表 1-9-1。

表 1 - 9 - 1　U_A＝2.5 V 时的各级静态工作点的测量

项　　目	VT$_1$	VT$_2$	VT$_3$
I_C/mA			
U_B/V			
U_C/V			
U_E/V			
U_{BE}/V			
U_{CE}/V			

注意： ① 在调整 R_{W2} 时，要注意旋转方向，不要调得过大，更不能开路，以免损坏输出管。

② 输出管静态电流调好后，如无特殊情况，不得随意旋动 R_{W2} 的位置。

2. 最大输出功率 P_{om} 和效率 η 的测试

（1）测量最大输出功率 P_{om}。

在图 1 - 9 - 1 输入端接 $f＝1$ kHz 的正弦信号 u_i，输出端用示波器观察输出电压 u_o 波形。逐渐增大 u_i，使输出电压 u_o 达到最大不失真输出，用交流毫伏表测出此时负载 R_L 上的最大不失真电压的有效值 U_{om}，则

$$P_{om}=\frac{U_{om}^2}{R_L}$$

记录此时交流毫伏表的读数，填入表 1 - 9 - 2。

（2）测量效率 η。

当输出电压为最大不失真输出时，读出直流毫安表中的电流值，此电流即为直流电源供给的平均电流 I_{dC}，由此可近似求得 $P_E＝V_{CC}I_{dC}$，并进而求出最大效率：

$$\eta_{max}=\frac{P_{om}}{P_E}\times100\%$$

记录此时直流毫安表的读数即为 I_{dC}，并计算 P_{om}、P_E 及 η_{max}，将测算结果填入表 1 - 9 - 2。

表 1 - 9 - 2　最大输出功率 P_{om} 和效率 η 的测试

测　量　值				计　算　值		
U_i/V	U_{om}/V	I_{dC}/mA	灵敏度(U_{im})/mV	P_{om}/W	P_E/W	η_{max}

3. 输入灵敏度测试

根据输入灵敏度的定义，只要测出输出功率 $P_o＝P_{om}$ 时的输入电压值 $U_i＝U_{im}$ 即可。

利用上述 P_{om} 的测试方法，当输出电压 u_o 达到最大不失真输出 U_{om} 时，用交流毫伏表测量此时的输入电压 u_i 的最大有效值 U_{im}，即灵敏度，填入表 1 - 9 - 2。

4. 通频带 BW(频率响应)的测试

为保证电路的安全，测试频率响应时，应在较低电压下进行。通常取输入信号为输入灵敏度的 50%。根据表 1 - 9 - 2 中测得的灵敏度 U_{im}，取其一半作为频率响应测试的输入信

号电压。并且在整个测试过程中，应保持 U_i 幅度为恒定值，且输出波形不得失真。

按照表 1-9-3 进行测试，并将测试结果记入表中。

表 1-9-3　通频带 BW(频率响应)的测试($U_i=$　　　mV 不变)

		$f_L=$		,	$f_H=$			
f/kHz								
U_o/V								
A_u								

5. 噪声电压的测试

测量时将输入端短路($u_i=0$)，观察输出噪声波形，并用交流毫伏表测量输出电压，即为噪声电压 U_N。本电路若 $U_N<15\ mV$，则满足要求。

6. 试听

输入信号改为录音机输出，输出端接试听音箱及示波器。开机试听，并观察语言音乐信号的输出波形。

五、实验报告与要求

按照实验目的、实验原理、实验设备、实验内容、实验数据、实验总结撰写实验报告，具体要求如下：

(1) 整理实验数据，计算静态工作点、最大不失真输出功率 P_{om}、效率 η_{max} 等，并与理论值进行比较，画出频率响应曲线。

(2) 讨论实验中发生的问题及解决办法。

六、问题思考与练习

(1) 为什么引入自举电路能够扩大输出电压的动态范围？

(2) 产生交越失真的原因是什么？怎样克服交越失真？

(3) 电路中电位器 R_{W2} 如果开路或短路，对电路工作有何影响？

(4) 为了不损坏输出管，调试中应注意什么问题？

(5) 如果电路有自激现象，应该如何消除？

实验十　半导体直流稳压电源的测试

一、实验目的

(1) 掌握半导体直流稳压电源的结构特点和测试方法。

(2) 学习半导体直流稳压电源性能扩展的方法。

二、实验设备与器件

本实验所需的设备与器件包括：① 自耦变压器；② 双踪示波器；③ 交流毫伏表；④ 直流电压表；⑤ 直流毫安表；⑥ 三端稳压器 W7812、W7912；⑦ 桥堆 RS310 (KBP306)；⑧ 电阻器、电容器若干。

W7812、RS310 外引脚及接线示意图如图 1-10-1 所示。

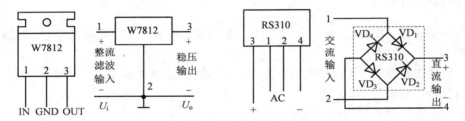

图 1-10-1　W7812、RS310 外引脚及接线示意图

集成三端稳压器 W7812 的主要参数有：输出直流电压 $U_o = +12$ V；输出电流，为 1.5 A；电压调整率，为 10 mV/V；输出电阻 $R_o = 0.15$ Ω；输入电压 U_i，范围为 15~17 V。

一般 U_i 要比 U_o 大 3~5 V，才能保证集成稳压器工作在线性区。

整流桥堆 RS310 的内部由四只整流二极管接成电桥的形式，外引脚 1 和 2 是交流输入端，与变压器副绕组连接；外引脚 3(＋)和 4(－)是直流输出端，与滤波稳压电路连接。

三、实验原理

由于集成稳压器具有体积小、外接线路简单、使用方便、工作可靠和通用等优点，因此在各种电子设备中应用十分普遍。集成稳压器的种类很多，应根据设备对直流电源的要求来进行选择。对于大多数电子仪器、设备和电子电路来说，通常是选用串联线性集成稳压器，而在这种类型的器件中，又以三端式稳压器应用最为广泛。

W7800 系列、W7900 系列三端式集成稳压器的输出电压是固定不变的，在使用中不能进行调整。W7800 系列固定正输出，W7900 系列固定负输出，输出电压主要有：±5 V、±6 V、±9 V、±12 V、±15 V、±18 V、±24 V。输出电流最大可达 1.5 A(加散热片)。同类型 78M00 系列、79M00 系列稳压器的输出电流为 0.5 A，78L00 系列、79L00 系列稳器的输出电流为 0.1 A。

图 1-10-2 为 W7800、W7900 系列稳压器的外形和接线示意图。这两个系列的稳压器有三个引出端：输入端 IN、输出端 OUT 和公共端 GND。引脚排列按从左到右标记为 1、2、3。

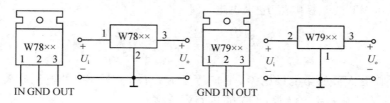

图 1-10-2 W7800、W7900 系列三端稳压器的外形及接线示意图

用三端式集成稳压器 W7812 构成的单电源电压输出串联型稳压电源如图 1-10-3 所示。其中整流部分采用了内部由四个二极管组成的整流桥堆，型号为 RS310。滤波电容 C_1、C_2 一般为几百至几千微法。当三端稳压器距离整流滤波电路比较远时，在输入端必须接入电容器 C_3(0.33 μF)，以抵消线路的电感效应，防止产生自激振荡。输出端电容 C_4(0.1 μF) 用以滤除输出端的高频信号，改善电路的暂态响应。在实验室进行实验时，可不接 C_3、C_4。

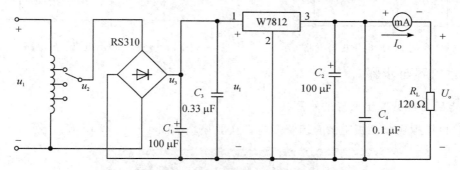

图 1-10-3 由 W7812 构成的直流稳压电源实验电路原理图

如需输出 $\pm$12 V 电压，则可用如图 1-10-4 所示的电路结构，其中三端稳压器选用 W7812 和 W7912 即可，这时的 U_i 应为单电压输出时的两倍。

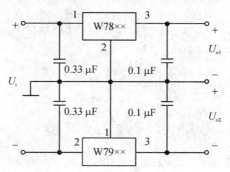

图 1-10-4 正、负双电压输出电路

当集成稳压器本身的输出电压或输出电流不能满足要求时，可通过外接电路来进行性能扩展。图 1-10-5 是一种简单的输出电压扩展电路。由于 W7812 稳压器的 3、2 端间输出电压为 12 V，因此只要适当选择 R 值，使稳压管 VD_Z 工作在稳压区，则输出电压 U_o=

$12\text{ V}+U_{\text{z}}$。根据电压扩展的需要，选用合适稳压值的稳压管即可。

图 1-10-6 是通过外接晶体管 VT 及电阻 R_1 来进行电流扩展的电路。电阻 R_1 的阻值由外接晶体管的发射结导通电压 U_{BE}、三端式稳压器的输入电流 I_{i}（近似等于三端稳压器的输出电流 I_{o1}）和 VT 的基极电流 I_{B} 来决定，即

$$R_1=\frac{U_{\text{BE}}}{I_{\text{R}}}=\frac{U_{\text{BE}}}{I_{\text{i}}-I_{\text{B}}}=\frac{U_{\text{BE}}}{I_{\text{o1}}-\dfrac{I_{\text{C}}}{\beta}}$$

式中：I_{C} 为晶体管 VT 的集电极电流，它应等于 $I_{\text{o}}-I_{\text{o1}}$；$\beta$ 为 VT 的电流放大系数；对于锗管，U_{BE} 按 0.3 V 估算，对于硅管，U_{BE} 按 0.7 V 估算。

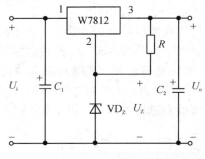

图 1-10-5　输出电压扩展电路

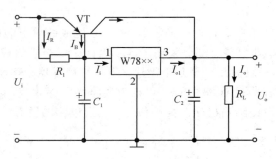

图 1-10-6　输出电流扩展电路

四、实验内容与步骤

1. 电路各部分输出波形的观测

实验台模拟实验面板上的直流稳压电源实验模块如图 1-10-7 所示。

图 1-10-7　直流稳压电源实验模块

按照图 1-10-3 将实验模块中的自耦变压器副绕组（接 14 V 或 17 V）、整流桥堆 RS310（或用四只 4007 整流二极管接成整流桥）、滤波电容 C_1 和 C_2、三端稳压器 W7812 以及负载 R_L 连接起来。电容 C_3、C_4 不必接入。波形测试步骤如下：

（1）接通工频电源，用示波器观察变压器副边电压 u_2 波形；

（2）观测桥式整流输出 u_3 波形，并记入表 $1-10-1$ 中。注意：观察 u_3 全波整流波形时，应将图 $1-10-3$ 中的滤波稳压电路去掉，即将整流输出直接和负载 R_L 连接。

（3）观测整流滤波输出 u_1 波形，并记入表 $1-10-1$ 中。注意：观察 u_1 波形时，应将图 $1-10-3$ 中的稳压电路去掉，即将电容 C_1 直接和负载 R_L 连接。

（4）按图 $1-10-3$ 将稳压电路接入，观测整流滤波稳压输出 $U_。$ 波形，记入表 $1-10-1$。

表 $1-10-1$　直流稳压电源各部分电压波形的测试

电　压	u_2	u_3	u_1	$U_。$
波　形 （$C_1=C_2=100\,\mu F$）				
波　形 （$C_1=C_2=470\,\mu F$）				

改变滤波电容 C_1、C_2 为 $470\,\mu F$，再次观测各波形，并将观测结果记入表 $1-10-1$。

2. 电路各部分电压的测量

根据表 $1-10-2$ 所示负载电阻 R_L 的大小（$120\,\Omega$、$240\,\Omega$），并使 u_2 分别接 14 V 和 17 V。测量图 $1-10-3$ 中的电源变压器副边电压 U_2、整流滤波输出电压 U_3、集成稳压器输出端电压 $U_。$（即表中对应的 U_{OL}），以及输出电流 $I_。$，并把测量结果记入表 $1-10-2$。

3. 输出电阻 $R_。$ 的测试

将输出端开路（$R_L=\infty$），测得输出端开路电压 $U_。$（即表中对应的 U_{OC}），则

$$R_。=\left(\frac{U_{OC}}{U_{OL}}-1\right)R_L$$

式中：U_{OL} 是 R_L 为某一值时稳压电源的输出电压。

使 R_L 为 ∞，按照表 $1-10-2$ 分别测量 U_3、U_{OC}、$I_。$，将测量结果记入表 $1-10-2$。最后根据测量的 U_{OL}、U_{OC}，由 $R_。$ 计算公式计算出相应的输出电阻 $R_。$，将计算结果记入表 $1-10-2$。

表 $1-10-2$　电压、电流的测量的计算

负载	测　量　值					计算值
R_L/Ω	U_2/V	U_3/V	U_{OL}/V	U_{OC}/V	$I_。/mA$	$R_。/\Omega$
120	14			—		
	17			—		
240	14			—		
	17			—		
∞	14	—	—		—	—
	17	—	—		—	—

4. 输出负电压的直流稳压电源的测量

将图 1-10-3 中的 W7812 换成 W7912，请正确接入 W7912 三端稳压器，并用数字直流电压表测量输出电压，测量结果应为 -12 V。

五、实验报告与要求

按照实验目的、实验原理、实验设备、实验内容、实验数据、实验总结撰写实验报告，具体要求如下：

(1) 整理实验数据，分析各电压波形。

(2) 分析讨论滤波电容的大小对输出电压的影响。

六、问题思考与练习

(1) 如何测量稳压电源的内阻？

(2) 如何测量稳压电源的最大输出电流？

(3) 负载电阻 R_L 对输出电阻 R_o 有没有影响？

第二篇

数字电路基础实验

实验一　　TTL 与非门逻辑功能与主要参数的测试

一、实验目的

(1) 熟悉数字电路实验装置的结构、基本功能和使用方法。

(2) 掌握 TTL 与非门的逻辑功能和主要参数的测试方法。

(3) 掌握 TTL 器件的使用注意事项。

二、实验设备与器件

本实验所需的设备与器件包括：① +5 V 直流电源；② 逻辑电平开关；③ 逻辑电平显示器；④ 直流数字电压表；⑤ 直流毫安表；⑥ 直流微安表；⑦ 芯片 74LS20×2；⑧ 1 kΩ、10 kΩ 电位器，200 Ω 电阻(0.5 W)。

74LS20 芯片为 TTL 二-4 输入与非门，即在一片集成块内含有两个互相独立的 4 输入与非门。其引脚排列及功能如图 2-1-1 所示。

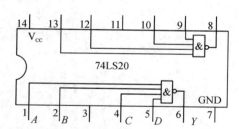

图 2-1-1　74LS20 引脚排列及功能

图中：1、2、4、5 为输入端，6 为输出端；9、10、12、13 为输入端，8 为输出端；3 和 11 为空脚；7 为接地端；14 为电源端。

三、实验原理

1. 与非门的逻辑功能

当输入端中有一个或一个以上是低电平时，输出端为高电平；只有当输入端全部为高电平时，输出端才是低电平，即"有 0 出 1，全 1 出 0"。在图 2-1-1 中，输出逻辑表达式为 $Y=\overline{A \cdot B \cdot C \cdot D}$。

2. TTL 与非门的主要参数

(1) 输出低电平时的电源电流 I_{CCL} 和输出高电平时的电源电流 I_{CCH}。

与非门处于不同的工作状态时，电源提供的电流是不同的。I_{CCL} 是指所有输入端悬空、输出端空载时，电源提供给芯片器件的电流。I_{CCH} 是指输出端空载、门电路有一个以上的输入端接地，其余输入端悬空时，电源提供给器件的电流。通常 $I_{CCL} > I_{CCH}$，它们的大小标志着器件静态功耗的大小。器件的最大功耗为

$$P_{CCL} = V_{CC} I_{CCL}$$

I_{CCL} 和 I_{CCH} 测试电路如图 $2-1-2$(a)、(b)所示。

（2）低电平输入电流 I_{IL} 和高电平输入电流 I_{IH}。

I_{IL} 是指被测输入端接地、其余输入端悬空，且输出端空载时，由被测输入端流出的电流值。在多级门电路中，I_{IL} 相当于前级门输出低电平时，后级向前级门灌入的电流，因此它关系到前级门的灌电流负载能力，即直接影响前级门电路带负载的个数，因此通常希望 I_{IL} 小一些。

I_{IH} 是指被测输入端接高电平、其余输入端接地，且输出端空载时，流入被测输入端的电流值。在多级门电路中，它相当于前级门输出高电平时，前级门的拉电流负载，其大小关系到前级门的拉电流负载能力，因此希望 I_{IH} 小一些。实际上，由于 I_{IH} 通常较小，故一般较难测量。

I_{IL} 和 I_{IH} 测试电路如图 $2-1-2$(c)、(d)所示。

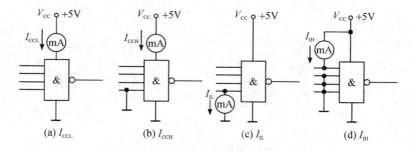

图 $2-1-2$　TTL 与非门静态参数测试电路图

（3）扇出系数 N。

扇出系数 N 是指门电路能驱动同类门的个数，它是衡量门电路带负载能力的一个参数。TTL 与非门有两种不同性质的负载，即灌电流负载和拉电流负载，因此有两种扇出系数，即输出低电平扇出系数 N_L 和输出高电平扇出系数 N_H。通常 $I_{IH} < I_{IL}$，则 $N_H > N_L$，故常以 N_L 作为门的扇出系数。

N_L 的测试电路如图 $2-1-3$ 所示。

图 $2-1-3$ 中，与非门的输入端全部悬空，输出端接灌电流负载 R_L。调节 R_L 使 I_{OL} 增大，输出端电压 U_{OL} 随之增高，当 U_{OL} 达到 U_{OLm}（手册中规定低电平规范值为 0.4 V）时的 I_{OL} 就是允许灌入的最大负载电流，则 $N_L = I_{OL}/I_{IL}$，通常 $N_L \geqslant 8$。

（4）电压传输特性。

与非门的输出电压 u_O 随输入电压 u_I 而变化的关系 $u_O = f(u_I)$ 称为电压传输特性，它反映了门电路的一些重要参数，如输出高电平 U_{OH}、输出低电平 U_{OL}、关门电平 U_{off}、开门电平 U_{on}、阈值电压 U_{TH} 及抗干扰容限 U_{NL}、U_{NH} 等值。

电压传输特性的测试电路如图 2-1-4 所示。采用逐点测试法，即改变 R_w，逐点测得 u_I 及 u_O，然后绘成曲线。

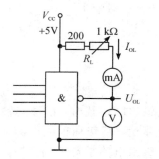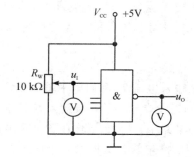

图 2-1-3　扇出系数测试电路　　　图 2-1-4　传输特性测试电路

（5）平均传输延迟时间 t_{pd}。

t_{pd} 是衡量门电路开关速度的参数，它是指输出 u_O 波形边沿的 $0.5U_m$ 至输入 u_I 波形对应边沿 $0.5U_m$ 的时间间隔，如图 2-1-5(a)所示。

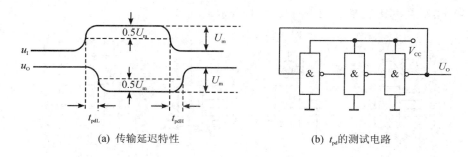

(a) 传输延迟特性　　　　　　　　　　(b) t_{pd} 的测试电路

图 2-1-5　传输延迟特性及其测试电路

图 2-1-5(a)中的 t_{pdL} 为导通延迟时间，t_{pdH} 为截止延迟时间，平均传输延迟时间为

$$t_{pd} = \frac{1}{2}(t_{pdL} + t_{pdH})$$

t_{pd} 的测试电路如图 2-1-5(b)所示。由于 TTL 门电路的延迟时间较小，直接测量时对信号发生器和示波器的性能要求较高，故实验采用测量由奇数个与非门组成的环形振荡器的振荡周期 T 来求得。其工作原理是：假设电路在接通电源后某一瞬间，电路中的某点为逻辑"1"，经过三级门的延迟后，使某点由原来的逻辑"1"变为逻辑"0"；再经过三级门的延迟后，某点电平重新回到逻辑"1"。电路中其他各点电平也跟随变化。说明使某点发生一个周期振荡，必须经过 6 级门的延迟时间。因此平均传输延迟时间为

$$t_{pd} = \frac{T}{6}$$

TTL 电路的 t_{pd} 一般在 3～40 ns 之间。

74LS20 的主要参数规范如表 2-1-1 所示。

表 2 - 1 - 1　74LS20 主要参数规范

参数名称和符号		规范值	单位	测试条件 $V_{CC}=5$ V
直流参数	导通电源电流 I_{CCL}	<14	mA	输入端悬空，输出端空载
	截止电源电流 I_{CCH}	<7	mA	输入端接地，输出端空载
	低电平输入电流 I_{IL}	≤1.4	mA	被测输入端接地，其他悬空，输出空载
	高电平输入电流 I_{IH}	<50	μA	被测输入端 $U_{IN}=2.4$ V，其他接地，输出空载
	输出高电平 U_{OH}	≥3.4	V	被测输入端 $U_{IN}=0.8$ V，其他悬空，$I_{OH}=400\ \mu$A
	输出低电平 U_{OL}	<0.3	V	输入端 $U_{IN}=2.0$ V，$I_{OL}=12.8$ mA
	扇出系数 N	4~8	—	同 U_{OH} 和 U_{OL}
交流参数	平均传输延迟时间 t_{pd}	≤20	ns	被测输入信号：$U_{IN}=3.0$ V，$f=2$ MHz

注意：TTL 电路对电源电压要求较严，电源电压 V_{CC} 只允许在 $+5$ V$\pm10\%$ 的范围内工作，超过 5.5 V 将损坏器件；低于 4.5 V 器件的逻辑功能将不正常。

3. 有关 TTL 电路的几个问题

(1) 双列直插式数字集成电路芯片管脚编号的识别。识别方法是：正对集成电路型号（如 74LS20）或看标记（左边的缺口或小圆点标记），从左下角开始按逆时针方向以 1，2，3，…依次排列到最后一脚（在左上角）。在标准型 TTL 集成电路中，电源端 V_{CC} 一般排在最后一脚（在左上角），接地端 GND 一般排在右下端。若集成芯片引脚上的功能标号为 NC，则表示该引脚为空脚，与内部电路不连接。接插集成块时，要认清定位标记，不得插反。

(2) TTL 集成电路电源电压使用范围为 $+4.5$ V$\sim+5.5$ V，实验中要求使用 $V_{CC}=+5$ V，电源极性不允许接错。

(3) 闲置输入端的处理方法。按下列几种情形进行处理：

① 实验时，小规模 TTL 门电路闲置输入端允许悬空处理，这时相当于接入高电平"1"。但对于中、大规模的集成电路和使用集成电路较多的复杂电路，闲置输入端悬空时易受外界干扰，导致电路的逻辑功能不正常。因而所有控制输入端必须按逻辑要求接入电路，不允许悬空。

② 与门、与非门的多余输入端可以直接接在电源 V_{CC} 上，即逻辑"1"；或门、或非门的多余输入端应接地，即逻辑"0"。

③ 若前级驱动能力允许，则闲置输入端可以与使用的输入端并联。

(4) TTL 门电路输入端通过电阻接地，电阻值的大小将直接影响电路所处的状态。当 $R\leqslant680$ Ω 时，输入端相当于逻辑"0"；当 $R\geqslant4.7$ kΩ 时，输入端相当于逻辑"1"。

(5) 输出端不允许并联使用（集电极开路 OC 门电路和三态输出 TS 门电路除外），否则不仅会使电路逻辑功能混乱，还会导致器件损坏。

(6) 输出端不允许直接接地或直接接 $+5$ V 电源，否则将损坏器件。有时为了使后级电路获得较高的输出电平，允许输出端通过电阻 R 接至 V_{CC}，一般取 $R=3\sim5.1$ kΩ。

四、实验内容与步骤

1. 74LS20 逻辑功能的测试

74LS20 内部有两个独立的 4 输入与非门，每个门有 4 个输入端，对应 16 个最小项。在实际测试时，只要通过对输入信号 1111、0111、1011、1101、1110 五项进行检测就可判断其逻辑功能是否正常。

按图 2-1-6 接线，与非门的输入端(1、2、4、5 或 9、10、12、13)接数字电路实验面板"十六位逻辑开关电平输出"插口，逻辑开关输出插口提供"0"与"1"电平信号。开关键扳上为逻辑"1"，LED 亮；开关键扳下为逻辑"0"，LED 灭。与非门的输出端(6 或 8)接数字实验面板"十六位逻辑电平输入"插口，LED 亮为逻辑"1"，不亮为逻辑"0"。根据与非门"有 0 出 1，全 1 出 0"的逻辑功能，测试电路是否满足：$Y = \overline{A \cdot B \cdot C \cdot D}$。

按照表 2-1-2 逐个测试集成块中两个与非门的逻辑功能，并将测试结果填入表中。

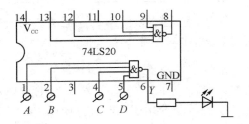

图 2-1-6　与非门逻辑功能测试电路

表 2-1-2　74LS20 功能测试表

输　　入				输　出
A	B	C	D	Y
0	1	1	1	
1	0	1	1	
1	1	0	1	
1	1	1	0	
1	1	1	1	

2. 74LS20 主要参数的测试

(1) 输出低电平时电源电流 I_{CCL} 和输出高电平时电源电流 I_{CCH} 的测试。

I_{CCL} 的测试电路如图 2-1-2(a)所示。按图示电路接线，与非门输入全"1"，则输出为"0"，此时图(a)毫安表读数即为 I_{CCL}，将测试结果记入表 2-1-3。

I_{CCH} 的测试电路如图 2-1-2(b)所示。按图示电路接线，与非门输入有"0"，则输出为"1"，此时图(b)毫安表读数即为 I_{CCH}，将测试结果记入表 2-1-3。

(2) 低电平输入电流 I_{IL} 和高电平输入电流 I_{IH} 的测试。

I_{IL} 与 I_{IH} 的测试电路如图 2-1-2(c)、(d)所示。按图示电路接线，分别将毫安表和微安表的读数即测试结果记入表 2-1-3。

表 2-1-3　74LS20 主要参数的测试

I_{CCL}/mA	I_{CCH}/mA	I_{IL}/mA	$I_{IH}/\mu A$	N	$t_{pd} = (T/6)/ns$

(3) 扇出系数 N 的测试。

按图 2-1-3 接线并测试，根据测得的电流 I_{OL} 和 I_{IL}，计算出 N 并将测试结果记入表 2-1-3。

(4) 平均传输延迟时间 t_{pd} 的测试。

按图 2-1-5(b)接线并测试，将测试结果记入表 2-1-3。

2. 电压传输特性的测试

电压传输特性测试需要两片 74LS20 芯片，将之按照集成块定位标记插好。

按图 2-1-4 接线，调节电位器 R_W，使 u_I 从 0 V 向高电平变化，逐点测量 u_I 和 u_O 的对应值，记入表 2-1-4。

表 2-1-4　74LS20 电压传输特性的测试

u_I/V	0	0.2	0.4	0.6	0.8	1.0	1.5	2.0	3.0	3.5	4.0	4.5
u_O/V												

五、实验报告与要求

按照实验目的、实验原理、实验设备、实验内容、实验数据、实验总结撰写实验报告，具体要求如下：

(1) 简述 74LS20 的逻辑功能及主要参数的测试原理及方法。

(2) 整理实验数据和结果，并对结果进行分析。

(3) 画出实测的电压传输特性曲线，并从中读出各有关参数值。

(4) 说明与非门闲置输入端(多余输入端)的处理方法。

六、问题思考与练习

(1) 双列直插式数字集成电路芯片引脚编号排列有什么规律？

(2) TTL 集成电路电源电压的使用范围是多少？实验室通常要求接多少伏的电源？

(3) 实验过程中，对门电路的闲置端应作如何处理？

实验二　组合逻辑电路的设计

一、实验目的

（1）掌握本实验所用 TTL 门电路逻辑功能的检测方法。

（2）掌握组合逻辑电路的分析设计方法与测试方法。

二、实验设备与器件

本实验所需的设备与器件包括：① ＋5 V 电源；② 逻辑电平开关；③ 逻辑电平显示器；④ 直流数字电压表；⑤ 芯片 74LS20×3，74LS00×2，74LS32×1，74LS86×1。

实验采用芯片的引脚排列及功能如图 2-2-1 所示。

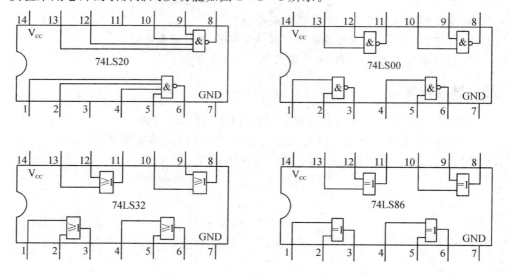

图 2-2-1　芯片引脚排列及功能

74LS20 内部有两个独立的 4 输入与非门，逻辑功能为"有 0 出 1，全 1 出 0"；

74LS00 内部有四个独立的 2 输入与非门，逻辑功能为"有 0 出 1，全 1 出 0"；

74LS32 内部有四个独立的 2 输入或门，逻辑功能为"有 1 出 1，全 0 出 0"；

74LS86 内部有四个独立的异或门，逻辑功能为"相异出 1，相同出 0"。

三、实验原理

1. 组合逻辑电路设计步骤

首先根据设计任务的要求建立输入、输出变量，并对各个逻辑变量进行逻辑赋值，列出真值表；然后用逻辑代数或卡诺图化简法求出简化的逻辑表达式，并按照要求选用逻辑门的类型，修改逻辑表达式；最后画出逻辑电路图。

实验时，应根据所设计的逻辑电路图选用标准器件构成逻辑电路，然后验证设计的正确性。

2. 组合逻辑电路设计举例

用"与非门"设计一个 4 输入表决电路。当 4 个输入变量 A、B、C、D 中有三个或四个为"1"时，输出变量 Y 才为"1"，否则 Y 为"0"。

设计步骤：根据要求画出卡诺图，如图 2-2-2 所示。

由卡诺图可化简得到最简与或逻辑表达式，并转化成"与非-与非式"：

$$Y = ABC + ABD + ACD + BCD = \overline{\overline{ABC} \cdot \overline{ABD} \cdot \overline{ACD} \cdot \overline{BCD}}$$

根据逻辑表达式画出用"与非门"构成的逻辑电路，如图 2-2-3 所示。

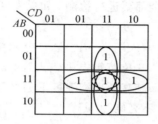

图 2-2-2　4 输入表决卡诺图

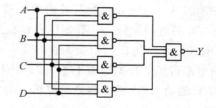

图 2-2-3　4 输入表决电路逻辑图

四、实验内容与步骤

1. 设计一个 4 输入表决电路

集成芯片采用 74LS20 芯片。

（1）74LS20 芯片功能检测：在实验面板适当位置选定三个 14P 插座，按照集成块定位标记插好集成块（缺口朝左）。

74LS20 与非门功能的测试方法：通过对输入信号 1111、0111、1011、1101、1110 进行检测，观察输出信号是否为 0、1、1、1、1，即可判断其"与非"逻辑功能是否正常（全 1 出 0，有 0 出 1）。按照图 2-2-4 及表 2-2-1 进行检测。

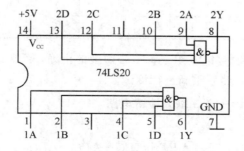

图 2-2-4　引脚排列及功能

输入端 A、B、C、D 接数字实验面板"16 位逻辑电平开关"插口的任意 4 个：开关键扳上为高电平"1"，LED 亮；开关键扳下为低电平"0"，LED 灭。输出端 Y 接"16 位逻辑电平输入"插口的任意 1 个：LED 亮表示输出为高电平"1"，LED 灭表示输出为低电平"0"。

表 2 - 2 - 1　74LS20 与非门功能检测表

输　入				输　出	输　入				输　出
1A	1B	1C	1D	1Y	2A	2B	2C	2D	2Y
0	1	1	1		0	1	1	1	
1	0	1	1		1	0	1	1	
1	1	0	1		1	1	0	1	
1	1	1	0		1	1	1	0	
1	1	1	1		1	1	1	1	

注意：实验使用的三片 74LS20 中的 6 个与非门全部要进行检测。如果发现芯片功能异常，要及时更换芯片，以保证后面实验的顺利进行。

（2）4 输入表决电路设计：按图 2 - 2 - 3 接线。将输入端 A、B、C、D 分别接至"16 位逻辑电平开关"的任意 4 个输出插口上，输出端 Y 接在"16 位逻辑电平输入"的某个输入插口上。拨动逻辑电平开关；开关键扳上为"1"，LED 指示灯亮；开关键扳下为"0"，LED 指示灯灭。输出端 Y 驱动 LED 显示器亮的逻辑值为"1"，不亮则为"0"。

按表 2 - 2 - 2 进行测试，并记录实验结果。

表 2 - 2 - 2　4 输入表决电路测试表

输　入				输　出	输　入				输　出
A	B	C	D	Y	A	B	C	D	Y
0	0	0	0		1	0	0	0	
0	0	0	1		1	0	0	1	
0	0	1	0		1	0	1	0	
0	0	1	1		1	0	1	1	
0	1	0	0		1	1	0	0	
0	1	0	1		1	1	0	1	
0	1	1	0		1	1	1	0	
0	1	1	1		1	1	1	1	

注意：实验过程中，测得的 16 组逻辑值必须全部正确，否则需要检查电路接线是否正确或者芯片功能是否正常，然后重新进行测试。

2. 用 74LS00 芯片设计一个 3 输入检奇电路

逻辑表达式如下：

$$Y = \overline{A}\,\overline{B}C + \overline{A}B\overline{C} + A\overline{B}\,\overline{C} + ABC$$
$$= (\overline{A}\,\overline{B} + AB)C + (\overline{A}B + A\overline{B})\overline{C}$$
$$= (\overline{\overline{A}B + A\overline{B}})C + (\overline{A}B + A\overline{B})\overline{C}$$
$$= A \oplus B \oplus C$$

由于用四个 2 输入的与非门可以构成一个异或电路，因而 3 输入检奇电路可以采用两个"异或电路"模块构成，即用两片 74LS00 芯片来完成 3 输入检奇电路的动能，逻辑电路如图 2-2-5 所示。其中 $Y' = \bar{A} \cdot B + A \cdot \bar{B} = A \oplus B$，$Y = \bar{Y}' \cdot C + Y' \cdot \bar{C} = Y' \oplus C$。

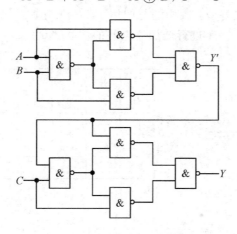

图 2-2-5　3 输入检奇电路逻辑图

（1）74LS00 芯片功能检测：参照 74LS20 的测试方法，对两个芯片中的 8 个与非门全部进行检测，若发现功能异常，则应立刻更换芯片。

（2）按照逻辑图 2-2-5 连好电路，输入端 A、B、C 接面板逻辑电平开关插口，输出端 Y 接至面板逻辑电平指示插口。

（3）先检测异或电路模块的功能。检测图 2-2-5 上面的异或模块时，Y' 是输出（Y' 接逻辑电平指示插口）；检测图 2-2-5 下面的异或模块时，Y' 是输入（Y' 接逻辑开关插口）。然后分别观察当输入 AB 或 $Y'C$ 取值分别为 00、01、10、11 时，输出 Y' 或 Y 的逻辑值是否为 0、1、1、0，即"相异出 1，相同出 0"。

（4）根据图 2-2-5，按照表 2-2-3 完成 3 输入检奇电路的功能测试。

表 2-2-3　3 输入检奇电路测试表

A	0	0	0	0	1	1	1	1
B	0	0	1	1	0	0	1	1
C	0	1	0	1	0	1	0	1
Y								

3. 设计一个一位全加器（此实验项目选做，供能力强、速度快的同学参考）

集成芯片采用 74LS86、74LS00 及 74LS32 芯片。

（1）首先检验实验所用集成芯片：

74LS86 内部有四个独立的异或门电路，按照"相异出 1，相同出 0"的功能进行验证。

74LS00 内部有四个独立的与非门电路，按照"有 0 出 1，全 1 出 0"的功能进行验证。

74LS32 内部有四个独立的或门电路，按照"有 1 出 1，全 0 出 0"的功能进行验证。

（2）全加器逻辑表达式如下：

$$Y_1 = \overline{A}\,\overline{B}C + \overline{A}B\overline{C} + A\overline{B}\,\overline{C} + ABC = A \oplus B \oplus C \text{（求和输出）}$$

$$Y_2 = \overline{A}BC + A\overline{B}C + AB\overline{C} + ABC = (A \oplus B)C + AB \text{（进位输出）}$$

由此得到的全加器逻辑电路如图 2-2-6 所示。

（3）按照图 2-2-6 接好线，其中的与门用 74LS00 与非门代替，通过"与非—非"实现"与"逻辑功能。根据表 2-2-4 进行全加器电路的功能测试。

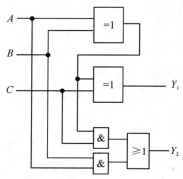

图 2-2-6　全加器电路逻辑图

表 2-2-4　全加器电路功能测试表

A	0	0	0	0	1	1	1	1
B	0	0	1	1	0	0	1	1
C	0	1	0	1	0	1	0	1
Y_1								
Y_2								

五、实验报告与要求

按照实验目的、实验原理、实验设备、实验内容、实验数据、实验总结撰写实验报告，具体要求如下：

（1）写出实验电路的设计过程。

（2）画出实验电路逻辑图。

（3）整理实验测试结果（真值表）。

（4）总结组合逻辑的设计与实验体会。

六、问题思考与练习

（1）根据逻辑电路图画出各个实验电路的接线图。

（2）TTL 集成电路电源电压使用范围是多少？实验室通常要求接多少伏的电源？

（3）在实验过程中，对芯片闲置端应如何处理？

（4）根据"与或"表达式画出 3 输入检奇电路和 3 输入表决电路的逻辑图。

实验三 译码器及其应用

一、实验目的

(1) 掌握中规模集成译码器的逻辑功能和使用方法。

(2) 掌握用二进制译码器实现组合逻辑函数的方法。

(3) 理解用二进制译码器作为数据分配器的方法。

(4) 掌握显示译码器的逻辑功能，熟悉数码管的使用方法。

二、实验设备与器件

本实验所需的设备与器件包括：① +5 V 直流电源；② 双踪示波器；③ 连续脉冲源；④ 逻辑电平开关；⑤ 逻辑电平显示器；⑥ 拨码开关组；⑦ 译码显示器；⑧ 直流数字电压表；⑨ 芯片 74LS138×1，CD4511×1，74LS20×1。

74LS138、CD4511 和 74LS20 芯片引脚排列及功能如图 2-3-1 所示。

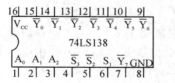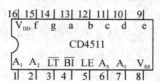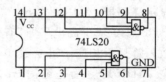

图 2-3-1 芯片引脚排列及功能

1. 二进制译码器 74LS138

二进制译码器是多输入、多输出的组合逻辑电路，它的作用是把给定的二进制代码进行"翻译"，使相应的输出通道有信号输出。

74LS138 有 3 个代码输入端，8 个译码输出端，故为 3 线-8 线译码器，表 2-3-1 为其功能表。

表 2-3-1 74LS138 二进制译码器功能表

输　入					输　出							
S_1	$\bar{S}_2+\bar{S}_3$	A_2	A_1	A_0	$\bar{Y}_0$	$\bar{Y}_1$	$\bar{Y}_2$	$\bar{Y}_3$	$\bar{Y}_4$	$\bar{Y}_5$	$\bar{Y}_6$	$\bar{Y}_7$
0	×	×	×	×	1	1	1	1	1	1	1	1
×	1	×	×	×	1	1	1	1	1	1	1	1
1	0	0	0	0	0	1	1	1	1	1	1	1
1	0	0	0	1	1	0	1	1	1	1	1	1
1	0	0	1	0	1	1	0	1	1	1	1	1
1	0	0	1	1	1	1	1	0	1	1	1	1

输　入					输　出							
S_1	$\overline{S}_2+\overline{S}_3$	A_2	A_1	A_0	$\overline{Y}_0$	$\overline{Y}_1$	$\overline{Y}_2$	$\overline{Y}_3$	$\overline{Y}_4$	$\overline{Y}_5$	$\overline{Y}_6$	$\overline{Y}_7$
1	0	1	0	0	1	1	1	1	0	1	1	1
1	0	1	0	1	1	1	1	1	1	0	1	1
1	0	1	1	0	1	1	1	1	1	1	0	1
1	0	1	1	1	1	1	1	1	1	1	1	0

A_2、A_1、A_0 为代码输入端，$\overline{Y}_0 \sim \overline{Y}_7$ 为译码输出端，S_1、$\overline{S}_2$、$\overline{S}_3$ 为使能端。

当 $S_1=0$、$\overline{S}_2$ 和 $\overline{S}_3$ 任意，或 $\overline{S}_2+\overline{S}_3=1$、$S_1$ 任意时，译码器被禁止，输出端全都为高电平"1"。

只有当 $S_1=1$、$\overline{S}_2+\overline{S}_3=0$ 时，译码器使能，才会使输入二进制代码所指定的输出端有低电平"0"信号输出，表示"译中"，而其他输出端则全都为高电平"1"。

2. 七段显示译码器 CD4511

集成显示译码器种类繁多，有输出高电平"1"有效、驱动共阴数码管的显示译码器，也有输出低电平"0"有效、驱动共阳数码管的显示译码器，集成器件主要有 TTL、CMOS 系列两大类。

本实验采用 CMOS 系列芯片 CD4511，这是一种具有锁存/译码/驱动功能的 BCD 码七段显示译码器。

CD4511 输出高电平"1"有效，用于驱动共阴数码管，它能将输入的 8421 码译成驱动共阴数码管显示相应十进制数"0～9"字形的输出高电平信号，以驱动共阴数码管相应发光段点亮。CD4511 还有拒绝伪码的功能，当输入代码为 1010～1111 时，输出全为"0"，从而驱使共阴数码管熄灭。

表 2-3-2 为 CD4511 功能表。

表 2-3-2　CD4511 显示译码器功能表

输　入							输　出							
LE	$\overline{BI}$	$\overline{LT}$	A_3	A_2	A_1	A_0	a	b	c	d	e	f	g	显示字形
×	×	0	×	×	×	×	1	1	1	1	1	1	1	8
×	0	1	×	×	×	×	0	0	0	0	0	0	0	灭灯
0	1	1	0	0	0	0	1	1	1	1	1	1	0	0
0	1	1	0	0	0	1	0	1	1	0	0	0	0	1
0	1	1	0	0	1	0	1	1	0	1	1	0	1	2
0	1	1	0	0	1	1	1	1	1	1	0	0	1	3
0	1	1	0	1	0	0	0	1	1	0	0	1	1	4
0	1	1	0	1	0	1	1	0	1	1	0	1	1	5
0	1	1	0	1	1	0	0	0	1	1	1	1	1	6
0	1	1	0	1	1	1	1	1	1	0	0	0	0	7

续表

输入							输出							
LE	$\overline{BI}$	$\overline{LT}$	A_3	A_2	A_1	A_0	a	b	c	d	e	f	g	显示字形
0	1	1	1	0	0	0	1	1	1	1	1	1	1	8
0	1	1	1	0	0	1	1	1	1	0	0	1	1	9
0	1	1	1	0	1	0	0	0	0	0	0	0	0	灭灯
0	1	1	1	0	1	1	0	0	0	0	0	0	0	灭灯
0	1	1	1	1	0	0	0	0	0	0	0	0	0	灭灯
0	1	1	1	1	0	1	0	0	0	0	0	0	0	灭灯
0	1	1	1	1	1	0	0	0	0	0	0	0	0	灭灯
0	1	1	1	1	1	1	0	0	0	0	0	0	0	灭灯
1	1	1	×	×	×	×	锁存							锁存

表中:

A_3、A_2、A_1、A_0——8421 码(0000~1001)输入端;

a、b、c、d、e、f、g——译码器输出端,输出"1"有效,驱动共阴数码管;

$\overline{LT}$——试灯输入端:$\overline{LT}=0$ 时,译码输出全为"1",驱动共阴数码管发光段全部点亮,若不亮,说明对应 LED 损坏;

$\overline{BI}$——灭灯输入端:$\overline{LT}=1$、$\overline{BI}=0$ 时,译码输出全为"0",驱使共阴数码管全部熄灭;

LE——锁定端:$\overline{LT}=\overline{BI}=1$ 时,若 LE=1,则译码输出保持在 LE=0 时的数码对应的状态,即译码器处于锁存状态。

$\overline{LT}=1$、$\overline{BI}=1$、LE=0 时,译码器处于正常译码工作状态。

3. LED 数码管

LED 数码管为目前最常用的数字显示器,可用来显示"0~9"十进制数和小数点。小型数码管(0.5 英寸和 0.36 英寸,1 英寸约等于 2.54 cm)每段发光二极管 LED 的正向压降,会随显示光的颜色(通常为红、绿、黄、橙色)不同略有差别,通常约为 2~2.5 V;每个 LED 的点亮电流为 5~10 mA。

图 2-3-2(a)、(b)分别为七段共阴数码管和七段共阳数码管的电路连接及其对应的引脚功能图。

三、实验原理

译码器分为通用译码器和显示译码器两大类,在数字系统中有广泛的用途,不仅可以用于代码的转换、终端的数字显示,还可以用于数据分配、存储器寻址和组合控制信号等。

1. 8421 码译码显示电路

CD4511 与 LED 数码管的连接如图 2-3-3 所示。

将十进制数对应的 8421 码接至 CD4511 译码器的相应输入端 A_3、A_2、A_1、A_0,译码器的输出端 a、b、c、d、e、f、g 分别与共阴数码管的输入端 a、b、c、d、e、f、g 对应连接,即可显示"0~9"的字符。8421 码可以用四个逻辑电平开关组合提供,也可以利用实验面板上的 8421 码编码器提供。

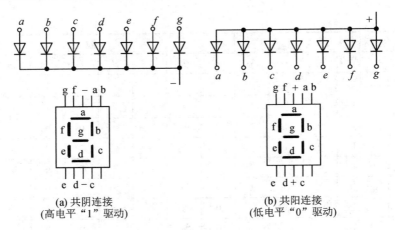

(a) 共阴连接
(高电平"1"驱动)

(b) 共阳连接
(低电平"0"驱动)

图 2-3-2　七段 LED 数码管

当输入 8421 码"0000～1001"时，CD4511 将驱动共阴数码管显示出"0～9"的字形。

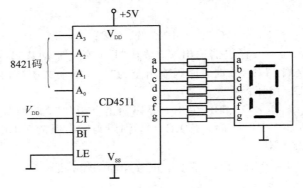

图 2-3-3　CD4511 驱动共阴数码管

2. 二进制译码器作为数据分配器

利用使能端中的一个输入端输入数据信息，二进制译码器就成为数据分配器（又称多路分配器），如图 2-3-4 所示。

若在 S_1 端输入数据信息，须使 $\overline{S}_2=\overline{S}_3=0$，如图 2-3-4(a)所示，则地址码所对应的输出是 S_1 端数据信息的反码；若从 $\overline{S}_3$ 端输入数据信息，须令 $S_1=1$、$\overline{S}_2=0$，则地址码所对应的输出是 $\overline{S}_3$ 端数据信息的原码，如图 2-3-4(b)所示。

若数据信息是时钟脉冲，则数据分配器便成为时钟脉冲分配器。

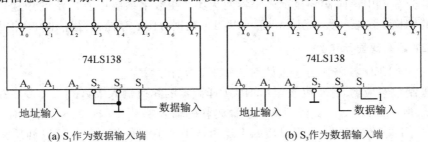

(a) S_1 作为数据输入端

(b) S_3 作为数据输入端

图 2-3-4　74LS138 构成数据分配器

3. 二进制译码器实现组合逻辑函数

因为二进制译码器的每一个输出对应一个最小项，全部输出提供了关于地址变量的全部最小项，而任何一个逻辑函数都有一个唯一的最小项表达式，所以用二进制译码器可以实现组合逻辑函数。

例如，用 74LS138 译码器实现逻辑函数：

$$Z = AB + BC + \overline{A}\,\overline{B}$$

其标准与或表达式为

$$Z = \overline{A}\,\overline{B}\,\overline{C} + \overline{A}\,\overline{B}C + \overline{A}BC + AB\overline{C} + ABC$$

二进制译码器 74LS138 的输出表达式为

$$\overline{Y}_i = \overline{m_i} \quad (i = 0, 1, 2, \cdots, 7)$$

所以，令

$$ABC = A_2 A_1 A_0$$

则有

$$Z = m_0 + m_1 + m_3 + m_6 + m_7 = \overline{\overline{m_0}\,\overline{m_1}\,\overline{m_3}\,\overline{m_6}\,\overline{m_7}} = \overline{\overline{Y}_0 \overline{Y}_1 \overline{Y}_3 \overline{Y}_6 \overline{Y}_7}$$

并令

$$S_1 = 1, \ \overline{S}_2 = \overline{S}_3 = 0$$

画出接线图，如图 2-3-5 所示。

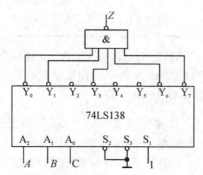

图 2-3-5　用 74LS138 实现 $Z = AB + BC + \overline{A}\,\overline{B}$

四、实验内容与步骤

1. CD4511 显示译码器的功能测试

参照图 2-3-3，显示译码器 CD4511 的 8421 码输入端 A_3、A_2、A_1、A_0 分别对应接至 8421 码编码器（数字拨码开关）的 D、C、B、A 端，译码输出端 a、b、c、d、e、f、g 分别与 LED 共阴数码管的输入端 a、b、c、d、e、f、g 一一对应连接，并接上 LED 显示器的 +5 V 电源。试灯输入端 $\overline{LT}$、灭灯输入端 $\overline{BI}$、锁定端 LE 分别接在逻辑电平开关上。

CD4511 的 8421 码输入端 A_3、A_2、A_1、A_0 也可以与四个逻辑电平开关接在一起，通过开关输出高、低电平的组合提供 8421 码。

（1）试灯功能。将 $\overline{LT}$ 置 0，则 CD4511 驱动的数码管应显示 "8" 字形，否则说明数码管某些发光段 LED 损坏。

（2）灭灯功能。将$\overline{LT}$置 1，$\overline{BI}$置 0，则数码管熄灭，观察此现象。

（3）译码功能。将$\overline{LT}$、$\overline{BI}$、LE 对应的三个逻辑开关置于"110"状态，8421 码编码器（数字拨码开关）的输出端 D、C、B、A 分别与 CD4511 的A_3、A_2、A_1、A_0端相接，然后按动数字拨码开关的增、减键（"＋"与"－"键），将依次输出"0～9"对应的 8421 码。观察数码管是否同步显示"0～9"字符，并将测试结果记入表 2-3-3 中。

表 2-3-3　CD4511 驱动数码管显示"0～9"字形的功能测试表

输　　入				输　　出	
$\overline{LT}$	$\overline{BI}$	LE	$A_3\ A_2\ A_1\ A_0$	$a\,b\,c\,d\,e\,f\,g$	显示数字
			0　0　0　0		
			0　0　0　1		
			0　0　1　0		
			0　0　1　1		
1	1	0	0　1　0　0		
			0　1　0　1		
			0　1　1　0		
			0　1　1　1		
			1　0　0　0		
			1　0　0　1		

（4）锁存功能。正常译码显示状态时，若将 LE 置 1，则锁存此时 8421 码对应的输出。然后任意改变输入的 8421 码，观察 CD4511 译码输出驱动的数码管显示的字形是否变化。

2. 74LS138 译码器逻辑功能的测试

将译码器使能端S_1、$\overline{S}_2$、$\overline{S}_3$及地址端A_2、A_1、A_0分别接至逻辑电平开关输出插口，八个输出端$\overline{Y}_0$～$\overline{Y}_7$依次连接在逻辑电平显示器的八个输入插口上，拨动逻辑电平开关，使$S_1=1$、$\overline{S}_2=\overline{S}_3=0$，按表 2-3-4 测试 74LS138 的逻辑功能。

表 2-3-4　74LS138 译码器译码功能测试表

地　　址			译　码　输　出							
A_2	A_1	A_0	$\overline{Y}_0$	$\overline{Y}_1$	$\overline{Y}_2$	$\overline{Y}_3$	$\overline{Y}_4$	$\overline{Y}_5$	$\overline{Y}_6$	$\overline{Y}_7$
0	0	0								
0	0	1								
0	1	0								
0	1	1								
1	0	0								
1	0	1								
1	1	0								
1	1	1								

3. 用 74LS138 实现组合逻辑函数

（1）用 74LS138 实现 3 输入检奇的逻辑功能。

对实验中使用的 74LS20 芯片进行功能检测，方法同本篇实验一。

逻辑表达式如下：

$$Z_1 = \overline{A}\,\overline{B}C + \overline{A}B\overline{C} + A\overline{B}\,\overline{C} + ABC$$
$$= m_1 + m_2 + m_4 + m_7 = \overline{\overline{m_1}\,\overline{m_2}\,\overline{m_4}\,\overline{m_7}} = \overline{\overline{Y_1}\,\overline{Y_2}\,\overline{Y_4}\,\overline{Y_7}}$$

依照图 2-3-6 连线，代码输入端（地址端）A_2、A_1、A_0 和使能端 S_1、$\overline{S}_2$、$\overline{S}_3$ 均接逻辑电平开关，Z_1 接逻辑电平显示器的插口。将使能端 S_1、$\overline{S}_2$、$\overline{S}_3$ 对应开关组合设置为 1、0、0，地址端 A_2、A_1、A_0（即变量 A、B、C）对应的开关组合依次为 000～111，观察与非门输出端 Z_1 驱动发光二极管的变化情况，将实验结果记入表 2-3-5。

（2）用 74LS138 实现 3 输入表决的逻辑功能。

逻辑表达式如下：

$$Z_2 = \overline{A}BC + A\overline{B}C + AB\overline{C} + ABC = m_3 + m_5 + m_6 + m_7 = \overline{\overline{m_3}\,\overline{m_5}\,\overline{m_6}\,\overline{m_7}} = \overline{\overline{Y_3}\,\overline{Y_5}\,\overline{Y_6}\,\overline{Y_7}}$$

依照图 2-3-7 连线，实验方法同（1），将实验结果记入表 2-3-5 中。

表 2-3-5　3 输入检奇与 3 输入表决的功能测试表

输　入			输　出	
A	B	C	Z_1	Z_2
0	0	0		
0	0	1		
0	1	0		
0	1	1		
1	0	0		
1	0	1		
1	1	0		
1	1	1		

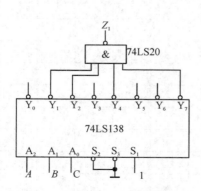

图 2-3-6　实现 3 输入检奇功能

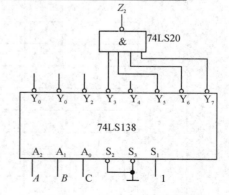

图 2-3-7　实现 3 输入表决功能

（3）用 74LS138 实现全加器的逻辑功能。

全加器接线可参考图 2-3-8，图中：A、B 是两个相加的二进制数输入端，C_i 是低位来的进位输入端，S 是本位求和输出端，C_1 是求和进位输出端。根据表 2-3-6 逐一进行实验，并记录实验结果。

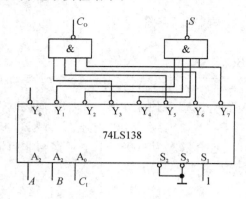

图 2-3-8　实现全加器功能

表 2-3-6　全加器功能测试表

输　入			输　出	
A	B	C_1	C_O	S
0	0	0		
		1		
0	1	0		
		1		
1	0	0		
		1		
1	1	0		
		1		

4. 用 74LS138 构成数据分配器（选做）

（1）S_1 使能端作为数据输入端。

参照图 2-3-4(a)，即将使能端 S_1 作为数据输入端，按照表 2-3-7 进行测试。观察和记录输出端 $\overline{Y}_0 \sim \overline{Y}_7$ 的信号与输入信号之间是否为反码关系。

表 2-3-7　用 74LS138 译码器实现数据分配器功能的测试表（1）

输　入					输　出							
$\overline{S}_2 + \overline{S}_3$	S_1	A_2	A_1	A_0	$\overline{Y}_0$	$\overline{Y}_1$	$\overline{Y}_2$	$\overline{Y}_3$	$\overline{Y}_4$	$\overline{Y}_5$	$\overline{Y}_6$	$\overline{Y}_7$
0	0	0	0	0								
		0	0	1								
		0	1	0								
		0	1	1								
		1	0	0								
		1	0	1								
		1	1	0								
		1	1	1								
	1	0	0	0								
		0	0	1								
		0	1	0								
		0	1	1								
		1	0	0								
		1	0	1								
		1	1	0								
		1	1	1								

（2）$\overline{S}_3$ 使能端作为数据输入端。

参照图 2 - 3 - 4(b)，即将使能端 $\overline{S}_3$ 作为数据输入端，按照表 2 - 3 - 8 进行测试。观察和记录输出端 $\overline{Y}_0 \sim \overline{Y}_7$ 的信号与 $\overline{S}_3$ 端的输入信号之间是否为原码关系。

表 2 - 3 - 8　用 74LS138 译码器实现数据分配器功能的测试表(2)

输入						输出							
S_1	$\overline{S}_2$	$\overline{S}_3$	A_2	A_1	A_0	$\overline{Y}_0$	$\overline{Y}_1$	$\overline{Y}_2$	$\overline{Y}_3$	$\overline{Y}_4$	$\overline{Y}_5$	$\overline{Y}_6$	$\overline{Y}_7$
1	0	0	0	0	0								
			0	0	1								
			0	1	0								
			0	1	1								
			1	0	0								
			1	0	1								
			1	1	0								
			1	1	1								
		1	0	0	0								
			0	0	1								
			0	1	1								
			1	0	0								
			1	0	1								
			1	1	0								
			1	1	1								

五、实验报告与要求

按照实验目的、实验原理、实验设备、实验内容、实验数据、实验总结撰写实验报告，具体要求如下：

（1）简述实验原理、实验内容和实验步骤，画出实验线路图，列出真值表。

（2）说明用 74LS138 译码器实现组合逻辑函数的原理及方法，并对实验结果进行分析、讨论。

（3）说明二进制译码器作为数据分配器的工作原理。

六、问题思考与练习

（1）二进制译码器的主要特点是什么？其与显示译码器的主要区别有哪些？

（2）简述用二进制译码器实现组合逻辑函数的原理和方法。

（3）简述用二进制译码器作为数据分配器的原理及方法。

（4）根据实验内容，进行预设计，画出接线图。

实验四　数据选择器及其应用

一、实验目的

(1) 掌握中规模集成数据选择器的逻辑功能及测试方法。

(2) 掌握用数据选择器实现组合逻辑函数的方法与步骤。

二、实验设备与器件

本实验所需的设备与器件包括：① +5 V 电源；② 逻辑电平开关；③ 逻辑电平显示器；④ 直流数字电压表；⑤ 芯片 74LS153×1，74LS151×1，74LS04×4。

实验采用芯片的引脚排列及逻辑功能如图 2-4-1 所示。

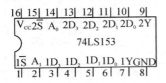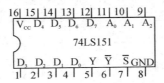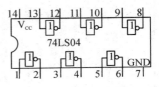

图 2-4-1　芯片引脚排列及功能

74LS04 为六反相器，内部有六个独立的反相器（即非门）。其引脚中，1、3、5 为输入，2、4、6 为输出；9、11、13 为输入，8、10、12 为输出。

74LS153 为双 4 选 1 数据选择器，74LS151 为 8 选 1 数据选择器。

数据选择器又叫"多路开关"。在输入地址码信号的控制下，数据选择器从几路输入数据中选择其中一路，并将其送到对应地址码的输出端。

1. 双 4 选 1 数据选择器 74LS153

74LS153 内部有两个 4 选 1 数据选择器。

在图 2-4-1 所示的引脚图中，$1\bar{S}$、$2\bar{S}$ 为两个独立的使能端；A_1、A_0 为公用的地址码输入端；$1D_0 \sim 1D_3$ 和 $2D_0 \sim 2D_3$ 为两组数据输入端；$1Y$、$2Y$ 为两个输出端。

74LS153 的功能如表 2-4-1 所示，表中的 $\bar{S}$、Y、$D_0 \sim D_3$ 泛指 74LS153 内部两个独立 4 选 1 数据选择器其中之一的使能端、输出端、数据输入端。

表 2-4-1　74LS153 功能表

输　入			输　出
$\bar{S}$	A_1	A_0	Y
1	×	×	0
0	0	0	D_0
0	0	1	D_1
0	1	0	D_2
0	1	1	D_3

功能表显示如下：

(1) 当输入使能端 $\bar{S}=1$ 时，数据选择器被禁止，输出端 $Y=0$。

(2) 当输入使能端 $\bar{S}=0$ 时，数据选择器正常工作，根据地址码 A_1、A_0 的状态，选择

$D_0 \sim D_3$ 中相应的一个数据送到输出端 Y。

当 $A_1 A_0 = 00$、01、10、11 时，分别选择数据 D_0、D_1、D_2、D_3 送到输出端 Y。

2. 8 选 1 数据选择器 74LS151

74LS151 为互补输出的 8 选 1 数据选择器。

在图 2-4-1 所示的 74LS151 引脚图中，$\overline{S}$ 为使能端，低电平有效；A_2、A_1、A_0 为三位地址码输入端；$D_0 \sim D_7$ 为八个数据输入端；Y 和 $\overline{Y}$ 为两个互补输出端。

74LS151 的功能如表 2-4-2 所示。

表 2-4-2　74LS151 功能表

输　入				输　出	
$\overline{S}$	A_2	A_1	A_0	Y	$\overline{Y}$
1	$\times$	$\times$	$\times$	0	1
0	0	0	0	D_0	$\overline{D_0}$
0	0	0	1	D_1	$\overline{D_1}$
0	0	1	0	D_2	$\overline{D_2}$
0	0	1	1	D_3	$\overline{D_3}$
0	1	0	0	D_4	$\overline{D_4}$
0	1	0	1	D_5	$\overline{D_5}$
0	1	1	0	D_6	$\overline{D_6}$
0	1	1	1	D_7	$\overline{D_7}$

功能表显示如下：

（1）当使能端 $\overline{S} = 1$ 时，不论地址码 A_2、A_1、A_0 的状态如何，电路均无输出（$Y = 0$，$\overline{Y} = 1$），数据选择器被禁止工作。

（2）当使能端 $\overline{S} = 0$ 时，数据选择器将根据地址端 A_2、A_1、A_0 的状态选择 $D_0 \sim D_7$ 中某一个通道的数据输送到互补输出端 Y 及 $\overline{Y}$ 端。

当 $A_2 A_1 A_0 = 000 \sim 111$ 时，对应选择八个输入数据 $D_0 \sim D_7$ 中的一个送到互补输出端。

三、实验原理

数据选择器的用途很多，例如多通道传输、数码比较、并行码变串行码以及实现组合逻辑函数等。

应用数据选择器实现组合逻辑函数的原理如下所述。

n 选 1 数据选择器的输出逻辑表达式为：

$$Y = m_0 D_0 + m_1 D_1 + \cdots + m_{n-1} D_{n-1} = \sum_{i=0}^{n-1} m_i D_i$$

其中，m_i 为地址码对应的最小项，D_i 为 n 路输入数据之一，可见数据选择器的输出逻辑表达式是关于输入地址码的最小项表达式。由于任意组合逻辑函数都有其唯一确定的最小项表达式，因而只要确定组合逻辑函数与数据选择器之间的输入、输出的对应关系，即可以用数据选择器实现组合逻辑函数的逻辑功能。

采用 8 选 1 数据选择器 74LS151 可实现任意 3 输入逻辑变量的组合逻辑函数。

例如：用 8 选 1 数据选择器 74LS151 实现函数 $F=\overline{A}BC+A\overline{B}C+AB\overline{C}+ABC$。

列出函数 F 的真值表，如表 2-4-3 所示。

表 2-4-3　函数 F 的真值表

输　入			输　出
A	B	C	F
0	0	0	0
0	0	1	0
0	1	0	0
0	1	1	1
1	0	0	0
1	0	1	1
1	1	0	1
1	1	1	1

与 8 选 1 数据选择器 74LS151 的功能表 2-4-2 相比较，可知：

(1) 将输入变量 A、B、C 作为 8 选 1 数据选择器的地址码 A_2、A_1、A_0 输入；

(2) 使 74LS151 的各数据输入端 $D_0 \sim D_7$ 分别与函数 F 的输出值一一对应，即：$A_2A_1A_0=ABC$，$D_0=D_1=D_2=D_4=0$，$D_3=D_5=D_6=D_7=1$。

则 8 选 1 数据选择器的输出 Y 便实现了逻辑函数 F，即 $Y=F$。

接线原理图如图 2-4-2 所示。

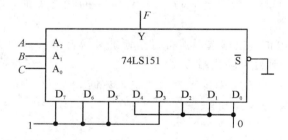

图 2-4-2　用 74LS151 实现 $F=\overline{A}BC+A\overline{B}C+AB\overline{C}+ABC$

同理，因 74LS153 只有两个地址端 A_1、A_0，故用 74LS153 可以方便地实现两变量的逻辑函数。但若要实现 3 输入变量的逻辑函数，则需确定函数的 3 个输入变量与 74LS153 的输入地址端、输出地址端的关系。在设计时通常可任选逻辑函数的两个变量于地址端接入，剩余一个变量则从数据端接入。

例如：用 4 选 1 数据选择器 74LS153 实现函数 $F=\overline{A}BC+A\overline{B}C+AB\overline{C}+ABC$。

假设 A 接 A_1、B 接 A_0，即 $AB=A_1A_0$，则函数 F 变换为

$$F=\overline{A}BC+A\overline{B}C+AB\overline{C}+ABC$$
$$=\overline{A}_1A_0 \cdot C+A_1\overline{A}_0 \cdot C+A_1A_0 \cdot \overline{C}+A_1A_0 \cdot C$$
$$=m_0 \cdot 0+m_1 \cdot C+m_2 \cdot C+m_3 \cdot 1$$

对比 74LS153 的输出表达式 $Y=m_0D_0+m_1D_1+m_2D_2+m_3D_3$，令 $D_0=0$，$D_1=D_2=C$，$D_3=1$，则 $Y=F$，从而通过 74LS153 实现了逻辑函数 $F=\overline{A}BC+A\overline{B}C+AB\overline{C}+ABC$ 的逻辑功能。

画出接线图，如图 2-4-3 所示。

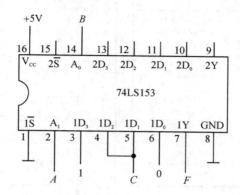

图 2-4-3 用 74153 实现 $F=\overline{A}BC+A\overline{B}C+AB\overline{C}+ABC$

当函数输入变量的个数大于数据选择器地址端的个数时，可能随着选用函数输入变量作为地址输入的方案不同，而使其设计结果不同，故需对几种方案进行比较，以获得最佳的设计方案。

四、实验内容与步骤

1. 测试数据选择器的逻辑功能

(1) 74LS153 逻辑功能测试。

按图 2-4-4(a)接线，地址端 A_1、A_0，数据端 $D_3 \sim D_0$，使能端 $\overline{S}$ 分别接逻辑电平开关，输出端 Y 接逻辑电平 LED 显示器，按表 2-4-1 所示 74LS153 的逻辑功能，参照表 2-4-4 进行测试和记录。

(2) 74LS151 逻辑功能测试。

按图 2-4-4(b)接线，地址端 A_2、A_1、A_0，数据端 $D_7 \sim D_0$，使能端 $\overline{S}$ 分别接逻辑电平开关，输出端 Y 和 $\overline{Y}$ 接逻辑电平 LED 显示器，按表 2-4-2 所示 74LS151 的逻辑功能，参照表 2-4-5 进行测试和记录。

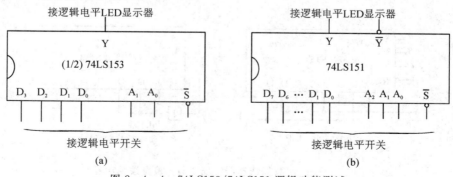

图 2-4-4 74LS153/74LS151 逻辑功能测试

表 2 - 4 - 4　74LS153 功能测试表

输 入				输 出
$\overline{S}$	A_1　A_0	$D_3 \sim D_0$		Y
1	×　×	×　×　×		
0	0　0	D_0	0	
			1	
	0　1	D_1	0	
			1	
	1　0	D_2	0	
			1	
	1　1	D_3	0	
			1	

表 2 - 4 - 5　74LS151 功能测试表

输 入				输 出	
$\overline{S}$	$A_2 A_1 A_0$	$D_7 \sim D_0$		Y	$\overline{Y}$
1	×　×　×	×　×　×　×			
0	0　0　0	D_0	0		
			1		
	0　0　1	D_1	0		
			1		
	0　1　0	D_2	0		
			1		
	0　1　1	D_3	0		
			1		
	1　0　0	D_4	0		
			1		
	1　0　1	D_5	0		
			1		
	1　1　0	D_6	0		
			1		
	1　1　1	D_7	0		
			1		

2. 用数据选择器实现组合逻辑函数

1) 用数据选择器实现 3 输入检奇逻辑功能

逻辑表达式为：$Y_1 = \overline{A}\,\overline{B}C + \overline{A}B\overline{C} + A\overline{B}\,\overline{C} + ABC$。

(1) 用 74LS151 实现：

令 $A_2 A_1 A_0 = ABC$，$D_7 = D_4 = D_2 = D_1 = 1$，$D_6 = D_5 = D_3 = D_0 = 0$，则 $Y = Y_1$。

接线原理图见图 2 - 4 - 5(a)，记录实验结果于表 2 - 4 - 6 中。

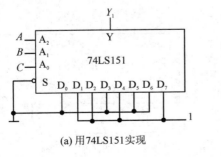
(a) 用74LS151实现

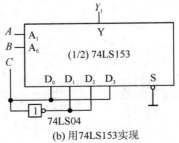
(b) 用74LS153实现

图 2 - 4 - 5　用数据选择器实现 3 输入检奇逻辑功能

（2）用 74LS153 实现：

令 $A_1A_0=AB$，$D_3=D_0=C$，$D_2=D_1=\bar{C}$，则 $Y=Y_1$。

接线原理图见图 2-4-5(b)，记录实验结果于表 2-4-6 中。

注意：图 2-4-5(b)中的反相器 74LS04 也可用与非门 74LS00 或 74LS20 代替。

2）用数据选择器实现 3 输入表决逻辑功能

逻辑表达式为：$Y_2=\bar{A}BC+A\bar{B}C+AB\bar{C}+ABC$。

（1）用 74LS151 实现：

令 $A_2A_1A_0=ABC$，$D_7=D_6=D_5=D_3=1$，$D_4=D_2=D_1=D_0=0$，则 $Y=Y_2$。

接线原理图见图 2-4-6(a)，记录实验结果于表 2-4-6 中。

（2）用 74LS153 实现：

令 $A_1A_0=AB$，$D_3=1$，$D_0=0$，$D_2=D_1=C$，则 $Y=Y_2$。

接线原理图见图 2-4-6(b)，记录实验结果于表 2-4-6 中。

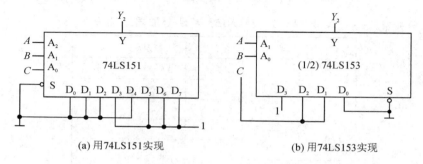

(a) 用74LS151实现　　　　　　　　　　　(b) 用74LS153实现

图 2-4-6　用数据选择器实现 3 输入表决逻辑功能

表 2-4-6　用 74LS151、74LS153 实现逻辑函数 Y_1、Y_2

输　入			74LS151 输出		74LS153 输出	
A	B	C	检奇 Y_1	表决 Y_2	检奇 Y_1	表决 Y_2
0	0	0				
0	0	1				
0	1	0				
0	1	1				
1	0	0				
1	0	1				
1	1	0				
1	1	1				

3）用 74LS153 实现全加器逻辑功能

逻辑表达式如下：

$$S=\bar{A}\cdot\bar{B}\cdot C_I+\bar{A}\cdot B\cdot\bar{C_I}+A\cdot\bar{B}\cdot\bar{C_I}+A\cdot B\cdot C_I（求和输出）$$

$$C_O=\bar{A}\cdot B\cdot C_I+A\cdot\bar{B}\cdot C_I+A\cdot B\cdot\bar{C_I}+A\cdot B\cdot C_I（进位输出）$$

式中：A、B 为两个相加的一位二进制数；C_I 为低位来的进位；S 为求和输出；C_O 为进位输出。

令 $A_1A_0=AB$，$1D_3=1D_0=C_I$，$1D_2=1D_1=\bar{C}_I$；$2D_3=1$，$2D_0=0$，$2D_2=2D_1=C_I$，则 $1Y=S$，$2Y=C_O$。

接线原理图如图 $2-4-7$ 所示，记录实验结果于表 $3-4-7$ 中。

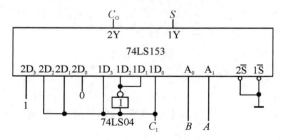

图 $2-4-7$　用 74LS153 实现一位全加器电路

注意：图中的反相器 74LS04 也可用非门 74LS00 或 74LS20 替代。

表 $2-4-7$　74LS153 实现全加器功能表

输　　入			输　　出	
A	B	C_I	C_O	S
0	0	0		
		1		
0	1	0		
		1		
1	0	0		
		1		
1	1	0		
		1		

五、实验报告与要求

按照实验目的、实验原理、实验设备、实验内容、实验数据、实验总结撰写实验报告，具体要求如下：

（1）总结 74LS151 和 74LS153 芯片逻辑功能的测试方法。

（2）简述用数据选择器实现组合逻辑函数的设计方法。

（3）画出接线原理图、列出逻辑真值表。

（4）总结实验收获、心得体会。

六、问题思考与练习

（1）数据选择器为什么可以实现组合逻辑电路的逻辑功能？

（2）简述用数据选择器 74LS153 和 74LS151 实现组合逻辑电路功能的方法。

（3）对实验内容与步骤中的各逻辑函数进行预设计，画出连线图，列出真值表。

（4）如果用两片 74LS151 实现一位全加器的逻辑功能，则应该如何设计？

实验五　触发器及其功能转换

一、实验目的

（1）学习用与非门构成 RS 触发器和同步 D 触发器的方法及测试方法。

（2）掌握集成触发器的逻辑功能及测试方法。

（3）掌握边沿触发器之间逻辑功能相互转换的方法。

二、实验设备与器件

本实验所需的设备与器件包括：① +5 V 直流电源；② 连续脉冲源；③ 单次脉冲源；④ 逻辑电平开关；⑤ 逻辑电平显示器；⑥ 直流数字电压表；⑦ 芯片 74LS74×1，74LS112×1，74LS00×2。

实验采用芯片的引脚排列及功能如图 2-5-1 所示。

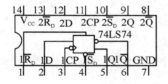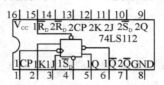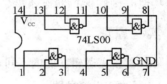

图 2-5-1　芯片引脚排列及功能

（1）74LS00 为四-2 输入与非门，其内部有四个独立的 2 输入与非门。

（2）74LS74 为双 D 触发器，其内部有两个独立的上升沿触发的 D 触发器，其逻辑功能如表 2-5-1 所示。

表 2-5-1　74LS74 功能表

输入				输出	功能说明
$\overline{R}_D$	$\overline{S}_D$	CP	D	Q^{n+1}	
0	1	×	×	0	异步置 0
1	0	×	×	1	异步置 1
0	0	×	不定	禁用	
1	1	↑	0	0	同步置 0
1	1	↑	1	1	同步置 1
1	1	↓	×	Q^n	不变

$\overline{R}_D$ 为"异步置 0"端，低电平有效；$\overline{S}_D$ 为"异步置 1"端，低电平有效；D 为信号输入端；Q、$\overline{Q}$ 为互补输出端；CP 为脉冲输入端。触发器状态的更新仅在 CP 脉冲的上升沿，其他时刻则保持状态不变。

$\overline{R}_D$ 和 $\overline{S}_D$ 不能同时为低电平，否则触发器将处于不定工作状态，可能会引起输出逻辑电平的误判。这两个端子用于设置触发器的初始状态或强迫触发器复位或置位，平时应为高电平。

（3）74LS112 为双 JK 触发器，其内部有两个独立的下降沿触发的 JK 触发器，其逻辑功能如表 2-5-2 所示。

表 2-5-2　74LS112 功能表

输　入					输　出	功能说明
$\overline{R}_D$	$\overline{S}_D$	CP	J	K	Q^{n+1}	
0	1	×	×	×	0	异步置 0
1	0	×	×	×	1	异步置 1
0	0	×	×	×	不定	禁用
1	1	↓	0	0	Q^n	保持
1	1	↓	0	1	0	同步置 0
1	1	↓	1	0	1	同步置 1
1	1	↓	1	1	$\overline{Q}^n$	翻转
1	1	↑	×	×	Q^n	不变

$\overline{R}_D$ 和 $\overline{S}_D$ 两端与 74LS74 的功能相同，分别为"异步置 0"端和"异步置 1"端。

J 端、K 端为信号输入端。触发器在 CP 脉冲的下降沿根据 J、K 的状态进行状态的更新，其他时刻则保持状态不变。

三、实验原理

触发器根据逻辑功能的不同，分为 RS 触发器、D 触发器、JK 触发器、T 触发器、T′触发器。

1. 基本 RS 触发器

图 2-5-2 为由两个与非门交叉耦合构成的基本 RS 触发器，它是无时钟控制低电平直接触发的触发器，具有"置 0""置 1"和"保持"三种功能。

通常 $\overline{S}$ 为直接"置 1"端，$\overline{R}$ 为直接"置 0"端。

基本 RS 触发器的功能表如表 2-5-3 所示。

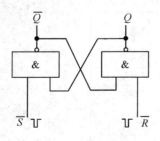

图 2-5-2　基本 RS 触发器

表 2-5-3　基本 RS 触发器功能表

输　入		输　出	功能说明
$\overline{R}$	$\overline{S}$	Q^{n+1}	
0	1	0	置 0
1	0	1	置 1
1	1	Q^n	保持
0	0	不定	禁用

2. 同步 RS 触发器

图 2-5-3 为由四个与非门构成的同步 RS 触发器，它是受时钟脉冲 CP 控制的触发器。CP＝0 时，触发器保持状态不变；CP＝1 时，触发器根据输入信号 R、S 的状态进行状态的更新。同步 RS 触发器具有"置 0""置 1"和"保持"三种逻辑功能，如表 2-5-4 所示。

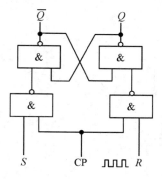

图 2-5-3　同步 RS 触发器

表 2-5-4　同步 RS 触发器功能表(CP=1)

输　入		输　出	功能说明
R	S	Q^{n+1}	
0	0	Q^n	保持
1	0	0	置 0
0	1	1	置 1
1	1	不定	禁用

RS 触发器的特性方程为

$$\begin{cases} Q^{n+1} = S + \bar{R}Q^n \\ RS = 0\,(\text{约束条件}) \end{cases}$$

3. D 触发器

将同步 RS 触发器的 R、S 端用非门连接即构成同步 D 触发器,如图 2-5-4 所示。

对照图 2-5-3 可知,当 CP=1 时:$D=0$,$Q=0$;$D=1$,$Q=1$。

由于同步触发器在 CP=1 期间输出状态会跟随输入信号的变化而变化,为解决其时钟电平控制问题,增强电路工作的可靠性,人们便设计出了边沿触发器。

将两个同步 D 触发器上下串接起来,用非门将其 CP 端连接起来,就构成了主从型边沿 D 触发器。整个电路状态的变化在 CP 脉冲的下降沿,即 $Q^{n+1} = D$　(CP↓)。

边沿 D 触发器的电路结构多种多样,可参考教材相关内容。无论触发器内部是何种结构,其外部特性及逻辑功能都是一样的,只是触发边沿不同而已。

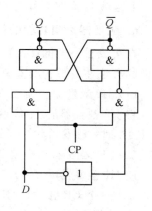

图 2-5-4　同步 D 触发器

本实验采用 74LS74 双 D 触发器,是上升沿触发的边沿 D 触发器,其引脚排列及功能见图 2-5-1,逻辑符号如图 2-5-5(a)所示。

根据 74LS74 的结构特点,可知其特性方程为 $Q^{n+1} = D$　(CP↑),具有"置 0""置 1"功能。

4. JK 触发器

边沿 JK 触发器是功能完善、使用灵活且通用性较强的一种触发器,内部结构多种多样(可参考教材相关内容),具有"置 0""置 1""保持""翻转"四种逻辑功能。

本实验采用 74LS112 双 JK 触发器,是下降沿触发的边沿 JK 触发器,其引脚排列及功能见图 2-5-1,逻辑符号如图 2-5-5 所示。

根据 74LS112 的结构特点,可知其特性方程为 $Q^{n+1} = J\bar{Q}^n + \bar{K}Q^n$,(CP↓)。故有:

$JK=00$ 时,$Q^{n+1} = Q^n$,"保持"不变;

$JK=01$ 时,$Q^{n+1} = 0$,"置 0"功能;

$JK=10$ 时，$Q^{n+1}=1$，"置1"功能；

$JK=11$ 时，$Q^{n+1}=\overline{Q}^n$，状态"翻转"。

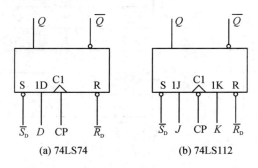

(a) 74LS74　　　　　　　(b) 74LS112

图 2-5-5　集成边沿触发器逻辑符号

5. T、T′触发器

T 触发器特性方程为 $Q^{n+1}=T\overline{Q}^n+\overline{T}Q^n$，具有"保持"和"翻转"功能。

T′触发器特性方程为 $Q^{n+1}=\overline{Q}^n$，只有"翻转"一种逻辑功能。

6. 触发器之间功能的相互转换

在集成触发器的产品中，虽然每一种触发器都有自己固定的逻辑功能，但是可以通过转换的方法使其成为具有其他逻辑功能的触发器。

（1）JK 触发器转换成 T 触发器。

将 JK 触发器的 J、K 两端连在一起作为 T 端，就是 T 触发器，如图 2-5-6(a)所示。当 $T=0$ 时，触发器状态保持不变；当 $T=1$ 时，触发器状态翻转(CP↓)。

（2）JK 触发器转换成 T′触发器。

使 JK 触发器的 $J=K=1$，如图 2-5-6(b)所示，即得 T′触发器。在 T′触发器的 CP 端，每来一个 CP 脉冲信号，触发器的状态就翻转一次，故也称之为翻转触发器，广泛应用于计数电路中。

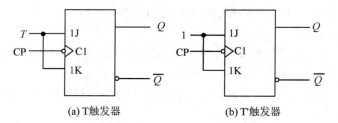

(a) T触发器　　　　　　(b) T′触发器

图 2-5-6　JK 触发器转换为 T、T′触发器

（3）JK 触发器转换成 D 触发器。

将 JK 触发器的 J、K 端通过非门连接起来，如图 2-5-7 所示。

因 $D=J=\overline{K}$，故 $Q^{n+1}=D$，(CP↓)。

（4）D 触发器转换成 T′触发器。

若将 D 触发器的 $\overline{Q}$ 端与 D 端相连，如图 2-5-8 所示，则 $Q^{n+1}=D=\overline{Q}^n$，(CP↑)。于是 D 触发器便具有了 T′触发器的功能。

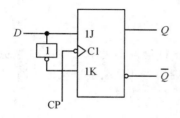

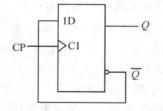

图 2-5-7　JK 触发器转成 D 触发器　　　　　图 2-5-8　D 触发器转成 T′触发器

四、实验内容与步骤

1. 基本 RS 触发器

按图 2-5-2 接线,用两个与非门组成基本 RS 触发器。输入端 $\overline{R}$、$\overline{S}$ 接单次脉冲源的负脉冲输出插口,输出端 Q、$\overline{Q}$ 接逻辑电平显示器输入插口,按表 2-5-5 要求进行测试,并记录测试结果。

2. 同步 RS 触发器

按图 2-5-3 接线,用四个与非门组成同步 RS 触发器。输入端 R、S 接逻辑开关的输出插口,输出端 Q、$\overline{Q}$ 接逻辑电平显示器输入插口,CP 脉冲接单次脉冲源的正脉冲输出插口(或接逻辑电平开关)。按表 2-5-6 要求进行测试,并记录测试结果。

表 2-5-5　基本 RS 触发器

$\overline{R}$	$\overline{S}$	Q	$\overline{Q}$
1→0	1		
0→1			
1	1→0		
	0→1		
0	0		

表 2-5-6　同步 RS 触发器

CP	R	S	Q^{n+1}	
			$Q^n=0$	$Q^n=1$
0	×	×		
1	0	0		
	0	1		
	1	0		
	1	1		

3. 同步 D 触发器

按图 2-5-4 接线。输入端 D 接逻辑开关的输出插口,输出端 Q、$\overline{Q}$ 接逻辑电平显示器输入插口,CP 脉冲接单次脉冲源的正脉冲输出插口(或接逻辑电平开关)。

按表 2-5-7 要求进行测试,并记录测试结果。

表 2-5-7　同步 D 触发器

CP	D	Q^{n+1}	
		$Q^n=0$	$Q^n=1$
0	×		
1	0		
	1		

4. 74LS74 逻辑功能的测试

（1）测试"异步置 0"和"异步置 1"功能。

根据图 2-5-1 所示 74LS74 引脚，选其中一个 D 触发器的 $\overline{R}_D$、$\overline{S}_D$、D 端分别接至逻辑开关输出插口，Q、$\overline{Q}$ 端接至逻辑电平显示器输入插口，CP 端接单次脉冲源。

根据表 2-5-1 测试 $\overline{R}_D$ 和 $\overline{S}_D$ 的异步置 0、异步置 1 功能。

（2）测试 D 触发器的逻辑功能。

使 $\overline{R}_D = \overline{S}_D = 1$，按照表 2-5-1 改变 D、CP 端状态，观察 Q、$\overline{Q}$ 端状态的变化。同时注意观察触发器状态更新是否发生在 CP 脉冲的上升沿（即 CP 由 0→1），将测试结果记入表 2-5-8 中。

表 2-5-8　74LS74 功能测试

D	CP	Q^{n+1}	
		$Q^n = 0$	$Q^n = 1$
0	0→1		
	1→0		
1	0→1		
	1→0		

5. 74LS112 逻辑功能的测试

（1）测试"异步置 0"和"异步置 1"功能。

根据图 2-5-1 所示 74LS112 引脚，将其中一个 JK 触发器的 $\overline{R}_D$、$\overline{S}_D$、J、K 端分别接至逻辑开关输出插口，CP 端接单次脉冲源，Q、$\overline{Q}$ 端接至逻辑电平显示器输入插口。

根据表 2-5-2 测试 $\overline{R}_D$ 和 $\overline{S}_D$ 的异步置 0、异步置 1 功能。

（2）测试 JK 触发器的逻辑功能。

使 $\overline{R}_D = \overline{S}_D = 1$，按照表 2-5-2 改变 J、K、CP 端状态，观察 Q、$\overline{Q}$ 端状态的变化。同时注意观察触发器状态更新是否发生在 CP 脉冲的下降沿（即 CP 由 1→0），将测试结果记入表 2-5-9 中。

表 2-5-9　74LS112 功能测试

J	K	CP	Q^{n+1}	
			$Q^n = 0$	$Q^n = 1$
0	0	0→1		
		1→0		
0	1	0→1		
		1→0		
1	0	0→1		
		1→0		
1	1	0→1		
		1→0		

6. 触发器功能的转换

（1）根据图 2-5-6(a)，将 JK 触发器转换成 T 触发器，根据前面的实验方法，检验电路的保持功能和翻转功能。

（2）根据图 2-5-6(b)，将 JK 触发器转换成 T′触发器，在 CP 端输入单次脉冲，注意观察 Q 端状态的翻转变化及翻转时刻相应的 CP 脉冲的触发边沿。

（3）根据图 2-5-7，将 JK 触发器转换成 D 触发器，检验电路的置 0、置 1 功能。

（4）根据图 2-5-8，将 D 触发器转换成 T′触发器，在 CP 端输入 1 Hz 连续脉冲，观察 Q 端状态的翻转变化。

五、实验报告与要求

按照实验目的、实验原理、实验设备、实验内容、实验数据、实验总结撰写实验报告，具体要求如下：

（1）整理实验数据，总结各类触发器的逻辑功能。

（2）总结触发器之间功能相互转换的原理及方法。

（3）总结边沿触发器的特点，了解实验时应如何利用单次脉冲源实现上升沿触发或下降沿触发。

六、问题思考与练习

（1）74LS74 双 D 触发器为什么是上升沿触发？查阅其内部电路结构。

（2）74LS112 双 JK 触发器为什么是下降沿触发？查阅其内部电路结构。

（3）在实验过程中，如何观测单次脉冲上升沿或者下降沿的触发现象？

（4）如何将 JK 触发器转换为 T 触发器、T′触发器、D 触发器？

（5）如何将 D 触发器转换为 T′触发器？

实验六　触发器及其应用

一、实验目的

（1）掌握集成触发器的逻辑功能及使用方法。

（2）掌握用集成触发器构成计数器的原理及方法。

（3）掌握用集成触发器构成寄存器的原理及方法。

二、实验设备与器件

本实验所需的设备与器件包括：① +5 V 直流电源；② 译码显示器；③ 连续脉冲源；④ 单次脉冲源；⑤ 逻辑电平开关；⑥ 逻辑电平显示器；⑦ 直流数字电压表；⑧ 芯片 74LS74×2，74LS112×2，74LS08×1，74LS20×1。

实验采用芯片的引脚排列及功能如图 2-6-1 所示。

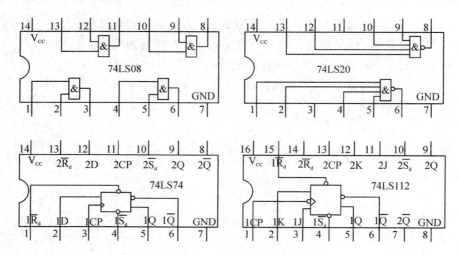

图 2-6-1　实验采用芯片引脚排列及功能

（1）74LS08 为四-2 输入与门，内部有四个独立的 2 输入与门。

（2）74LS20 为二-4 输入与非门，内部有两个独立的 4 输入与非门。

（3）74LS74 为双 D 触发器，内部有两个独立的上升沿触发的 D 触发器。触发器状态的更新仅在 CP 脉冲的上升沿，其他时刻则保持状态不变。74LS74 的逻辑功能如表 2-6-1 所示。

表 2 - 6 - 1　74LS74 逻辑功能简表

输　　入				输　出	功能说明
$\bar{R}_D$	$\bar{S}_D$	CP	D	Q^{n+1}	
0	1	×	×	0	异步置 0
1	0	×	×	1	异步置 1
1	1	↑	0	0	同步置 0
1	1	↑	1	1	同步置 1

（4）74LS112 为双 JK 触发器，内部有两个独立的下降沿触发的 JK 触发器。在 CP 脉冲的下降沿根据 J、K 端的状态进行状态的更新，其他时刻保持状态不变。74LS112 逻辑功能如表 2 - 6 - 2 所示。

表 2 - 6 - 2　74LS112 逻辑功能简表

输　　入					输　出	功能说明
$\bar{R}_D$	$\bar{S}_D$	CP	J	K	Q^{n+1}	
0	1	×	×	×	0	异步置 0
1	0	×	×	×	1	异步置 1
1	1	↓	0	0	Q^n	保持
1	1	↓	0	1	0	同步置 0
1	1	↓	1	0	1	同步置 1
1	1	↓	1	1	$\bar{Q}^n$	翻转

注：74LS74 及 74LS112 的完整功能表及各引脚作用详见本篇实验五有关内容。

二、实验原理

触发器是构成时序逻辑电路的重要逻辑部件，可以构成计数器、寄存器、顺序脉冲发生器、序列脉冲发生器等电路。下面简述计数器和寄存器的构成原理。

1. 用集成 JK 触发器构成二进制计数器

计数器可对输入的 CP 脉冲个数进行累计。以三位二进制加法计数器为例，假设计数器初始状态为 000，则每来一个 CP 脉冲，计数器就加 1，直到计满为止。也就是说，三位二进制加法计数器的计数范围是 000～111。当计数器计满时，再来一个 CP 脉冲，计数器将清零，同时向高位产生一个进位信号。因而得到三位二进制加法计数器的状态图如图 2 - 6 - 2 所示。

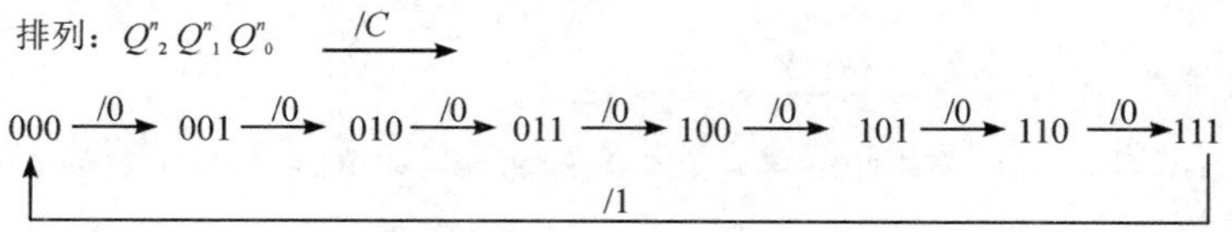

图 2 - 6 - 2　三位二进制加法计数器状态图

（1）采用同步工作方式。

选用三个下降沿触发的 JK 触发器，则得到时钟方程：$CP_2 = CP_1 = CP_0$。由状态图可直接得到输出方程：$C = Q_2^n Q_1^n Q_0^n$。由状态图可得到各个触发器的次态卡诺图，如图 2-6-3 所示。

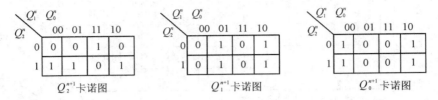

图 2-6-3　三位二进制加法计数器次态卡诺图

由卡诺图可得到各个触发器的状态方程式：

$$Q_2^{n+1} = \overline{Q_2^n} Q_1^n Q_0^n + Q_2^n \overline{Q_1^n Q_0^n}$$

$$Q_1^{n+1} = \overline{Q_1^n} Q_0^n + Q_1^n \overline{Q_0^n}$$

$$Q_0^{n+1} = \overline{Q_0^n}$$

由状态方程可求得各个触发器的驱动方程：

$$J_2 = K_2 = Q_1^n Q_0^n, \ J_1 = K_1 = Q_0^n, \ J_0 = K_0 = 1$$

画出逻辑电路图，如图 2-6-4 所示。

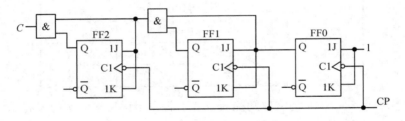

图 2-6-4　三位二进制同步加法计数器

若把触发器输出端引线从 Q 端改为 $\overline{Q}$ 端，就成为减法计数器，如图 2-6-5 所示。

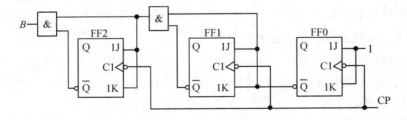

图 2-6-5　三位二进制同步减法计数器

计数状态图如图 2-6-6 所示。

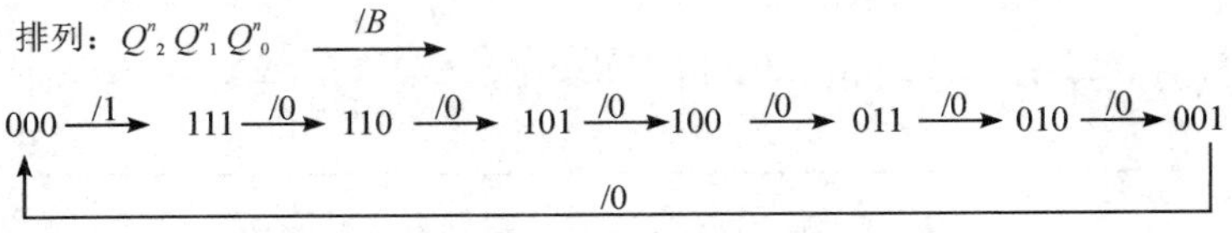

排列：$Q_2^n Q_1^n Q_0^n$ 　$\xrightarrow{/B}$

$$000 \xrightarrow{/1} 111 \xrightarrow{/0} 110 \xrightarrow{/0} 101 \xrightarrow{/0} 100 \xrightarrow{/0} 011 \xrightarrow{/0} 010 \xrightarrow{/0} 001$$

$$\xleftarrow{/0}$$

图 2-6-6　三位二进制减法计数器状态图

（2）采用异步工作方式。

将构成计数器的 JK 触发器接成 T′ 触发器，并把低位触发器的输出作为相邻高位触发器的 CP 脉冲输入，则可构成异步计数器，如图 2-6-7 和图 2-6-8 所示。

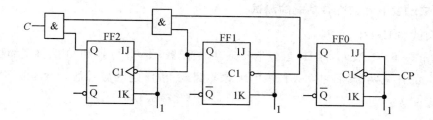

图 2-6-7 三位二进制异步加法计数器

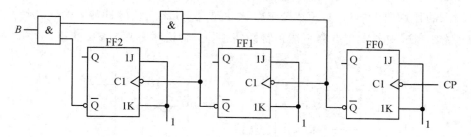

图 2-6-8 三位二进制异步减法计数器

可见，用触发器构成二进制计数器时，无论是同步计数器还是异步计数器，无论是加法计数器还是减法计数器，触发器之间的连接都有规律可循。

用边沿 D 触发器构成计数器的方法与用 JK 触发器设计的思路相同，此处不再赘述。

2. 用集成 D 触发器构成数码寄存器

用 D 触发器可以方便地构成数码寄存器。一个触发器可以存储一位二进制代码，寄存 n 位二进制代码需要 n 个 D 触发器。四位数码寄存器的逻辑电路图如图 2-6-9 所示。

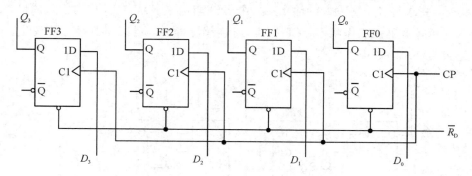

图 2-6-9 四位数码寄存器逻辑电路图

图中，$\overline{R}_D$ 为异步清零端。任何时刻，通过该端子可以使触发器立刻恢复到 0 状态。如果储存数据，则在寄存指令 CP 脉冲的作用下，可将事先准备好的数据从输入端送至输出端，即 $Q_3^{n+1} Q_2^{n+1} Q_1^{n+1} Q_0^{n+1} = D_3 D_2 D_1 D_0$，从而实现单拍锁存。

四、实验内容与步骤

1. 集成触发器计数翻转功能的测试

（1）测试 74LS112。

按照图 2-6-10(a)，将 JK 触发器接成 T′触发器，输出 Q 端和 $\overline{Q}$ 端接至面板 16 位逻辑电平输入的任意两个插口内，CP 接单次脉冲源或 1 Hz 连续脉冲源，检测其计数翻转功能是否正常。

（2）测试 74LS74。

按照图 2-6-10(b)，将 D 触发器接成 T′触发器，输出 Q 端和 $\overline{Q}$ 端接至面板 16 位逻辑电平输入的任意两个插口内，CP 接单次脉冲源或 1 Hz 连续脉冲源，检测其计数翻转功能是否正常。测试中若发现电路不能正常翻转工作，则说明芯片损坏，更换芯片即可。

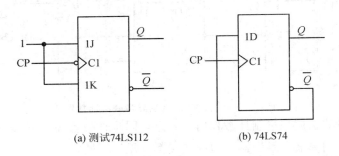

(a) 测试74LS112　　　　　　　(b) 74LS74

图 2-6-10　触发器翻转功能测试连线图

2. 用集成触发器构成异步计数器

（1）用 74LS74 构成上升沿触发的异步加法计数器。

将两片 74LS74 按照图 2-6-11 接线，即构成上升沿触发的四位二进制异步加法计数器。实验时，要求将各个触发器的输出端 Q 接至逻辑电平显示器 LED 的输入插口，通过发光二极管显示计数器的工作状态。CP 接 1 Hz 连续脉冲源，观察计数状态的变化，并将计数状态记入表 2-6-3 中。

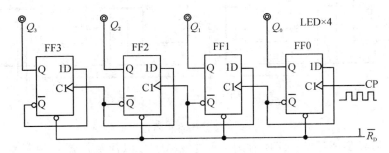

图 2-6-11　用 74LS74 构成四位二进制异步加法计数器(CP↑)

（2）用 74LS74 构成上升沿触发的异步减法计数器。

若将图 2-6-11 中 FF1、FF2、FF3 的 CP 脉冲从各 $\overline{Q}$ 端移至 Q 端，即为上升沿触发的四位二进制异步减法计数器，如图 2-6-12 所示。按照此图接线，观察并记录计数状态的变化于表 2-6-4 中。

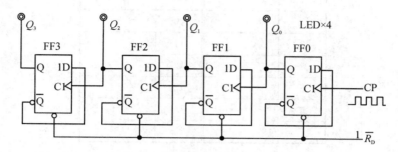

图 2-6-12 用 74LS74 构成四位二进制异步减法计数器（CP↑）

（3）用 74LS112 构成下降沿触发的异步加法计数器。

将两片 74LS112 按图 2-6-13 接线，即为下降沿触发的四位二进制异步加法计数器。接入 1 Hz CP 脉冲，观察计数状态的变化是否与表 2-6-3 实验结果一致。

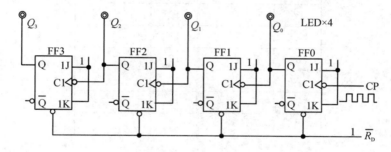

图 2-6-13 用 74LS74 构成四位二进制异步加法计数器（CP↓）

（4）用 74LS112 构成下降沿触发的异步减法计数器。

若将图 2-6-13 中 FF1、FF2、FF3 的 CP 脉冲从各触发器 Q 端移至 $\overline{Q}$ 端，即为下降沿触发的四位二进制异步减法计数器，如图 2-6-14 所示。按照此图接线，观察计数状态的变化是否与表 2-6-4 实验结果一致。

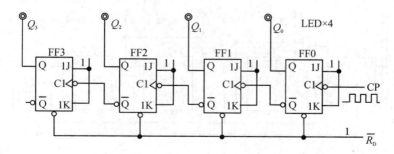

图 2-6-14 用 74LS74 构成四位二进制异步减法计数器（CP↓）

表 2 - 6 - 3　异步四位二进制加法计数表

CP	$Q_3 Q_2 Q_1 Q_0$	CP	$Q_3 Q_2 Q_1 Q_0$
0		8	
1		9	
2		10	
3		11	
4		12	
5		13	
6		14	
7		15	

表 2 - 6 - 4 异步四位二进制减法计数表

CP	$Q_3 Q_2 Q_1 Q_0$	CP	$Q_3 Q_2 Q_1 Q_0$
0		8	
1		9	
2		10	
3		11	
4		12	
5		13	
6		14	
7		15	

3. 用 74LS112 构成同步计数器

（1）构成下降沿触发的同步加法计数器。

参考图 2 - 6 - 15 进行接线。实验时，要求将 Q_3、Q_2、Q_1、Q_0 接至逻辑电平显示器 LED，通过发光二极管显示计数器的工作状态，CP 接 1 Hz 连续脉冲源。注意观察触发器输出端 Q_3、Q_2、Q_1、Q_0 的变化，并将计数状态记入表 2 - 6 - 5 中。

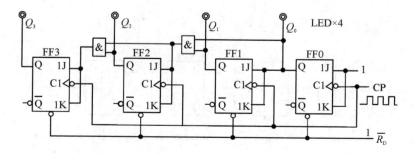

图 2 - 6 - 15　用 74LS74 构成四位二进制同步加法计数器（CP↓）

（2）构成下降沿触发的同步减法计数器。

按照图 2 - 6 - 16 接线。实验方法同上，注意观察触发器输出端 Q_3、Q_2、Q_1、Q_0 的变化，并将计数状态记入表 2 - 6 - 6 中。

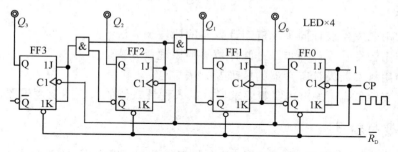

图 2 - 6 - 16　用 74LS74 构成四位二进制同步减法计数器（CP↓）

表 2 - 6 - 5　同步四位二进制加法计数表

CP	$Q_3 Q_2 Q_1 Q_0$	CP	$Q_3 Q_2 Q_1 Q_0$
0		8	
1		9	
2		10	
3		11	
4		12	
5		13	
6		14	
7		15	

表 2 - 6 - 6　同步四位二进制减法计数表

CP	$Q_3 Q_2 Q_1 Q_0$	CP	$Q_3 Q_2 Q_1 Q_0$
0		8	
1		9	
2		10	
3		11	
4		12	
5		13	
6		14	
7		15	

4. 用 74LS74 构成数码寄存器

用两片 74LS74 构成上升沿触发的四位二进制数码寄存器，参考图 2 - 6 - 9 进行接线。寄存脉冲 CP 接单次脉冲源，输入二进制代码由逻辑电平开关进行设定，输出 $Q_3 Q_2 Q_1 Q_0$ 由逻辑电平显示器显示寄存状态。

注：以上各项实验内容可根据教学和实验室芯片种类以及学生实际动手能力进行选择和安排。

五、实验报告与要求

按照实验目的、实验原理、实验设备、实验内容、实验数据、实验总结撰写实验报告，具体要求如下：

（1）总结用触发器设计同步二进制计数器的原理及方法。

（2）总结用触发器设计异步二进制计数器的原理及方法。

（3）总结用触发器设计寄存器的原理及方法。

（4）整理实验数据，画出按实验要求设计的各种计数器的状态图及逻辑图。

六、问题思考与练习

（1）用与非门构成的 RS 触发器和用或非门构成的 RS 触发器在功能上有哪些根本不同？

（2）简述用触发器构成同步二进制加法计数器、减法计数器的方法及级联规律。

（3）简述用触发器构成异步二进制加法计数器、减法计数器的方法及级联规律。

（4）按实验内容及要求设计实验线路，拟定实验方案，画出接线图。

（5）试用 74LS74 构成 4 位同步加法计数器，画出逻辑电路图及计数状态图。

实验七　计数器及其应用

一、实验目的

（1）熟悉常用集成计数器的引脚排列及功能。

（2）掌握中规模集成计数器的使用方法及功能测试方法。

（3）掌握用集成计数器构成 N 进制计数器的方法。

二、实验设备与器件

本实验所需的设备与器件包括：① ＋5 V 直流电源；② 连续脉冲源；③ 单次脉冲源；④ 逻辑电平开关；⑤ 逻辑电平显示器；⑥ 译码显示器；⑦ 直流数字电压表；⑧ 芯片 74LS161×2，74LS192×2（或 74LS160×2），74LS00×1，74LS20×1。

实验采用芯片的引脚排列及功能如图 2 − 7 − 1 所示。

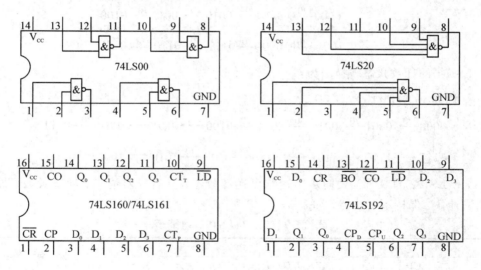

图 2 − 7 − 1　芯片引脚排列及功能

（1）74LS00 为四 − 2 输入与非门，内部有四个独立的 2 输入与非门。

（2）74LS20 为二 − 4 输入与非门，内部有两个独立的 4 输入与非门。

（3）74LS160 为同步十进制加法计数器，74LS161 为四位二进制同步加法计数器，它们的外引脚与功能相同，具有异步清零、同步置数、加法计数、保持不变功能。74LS160/74LS161 功能表如表 2 − 7 − 1 所示。

表 2 – 7 – 1　　75LS160/74LS161 功能表

输　入					输　出	说　明
$\overline{CR}$	$\overline{LD}$	$CT_P \cdot CT_T$	CP	$D_3 D_2 D_1 D_0$	$Q_3^{n+1} Q_2^{n+1} Q_1^{n+1} Q_0^{n+1}$	
0	×	×	×	× × × ×	0 0 0 0	异步清零
1	0	×	↑	$d_3\ d_2\ d_1\ d_0$	$d_3\ d_2\ d_1\ d_0$	同步置数
1	1	1	↑	× × × ×	计数	$CO_{160} = CT_T \cdot Q_3^n Q_0^n$
1	1	0	×	× × × ×	保持	$CO_{161} = CT_T \cdot Q_3^n Q_2^n Q_1^n Q_0^n$

CP 是计数脉冲输入端,计数状态的更新在 CP 脉冲的上升沿。

D_3、D_2、D_1、D_0 是并行数据输入端,Q_3、Q_2、Q_1、Q_0 是计数状态输出端。

$\overline{CR}$ 是异步清零端,低电平"0"有效。当 $\overline{CR}=0$ 时,即使 $Q_3^{n+1} Q_2^{n+1} Q_1^{n+1} Q_0^{n+1} = 0000$。

$\overline{LD}$ 是同步置数端,低电平"0"有效。当 $\overline{CR}=1$,$\overline{LD}=0$ 时,在 CP 脉冲的上升沿实现置数,即 $Q_3^{n+1} Q_2^{n+1} Q_1^{n+1} Q_0^{n+1} = d_3 d_2 d_1 d_0$。

CT_P、CT_T 是工作状态控制端。二者同为高电平时,计数器处于计数工作状态。若二者中只要有一个为低电平,计数器则保持输出状态不变。

CO 是进位输出端,可用于芯片级联。

74LS160 的计数状态转换图为:

排列: $Q_3^n Q_2^n Q_1^n Q_0^n$ /CO

$$0000 \xrightarrow{/0} 0001 \xrightarrow{/0} 0010 \xrightarrow{/0} 0011 \xrightarrow{/0} 0100$$
$$\uparrow {/1} \qquad\qquad\qquad\qquad\qquad\qquad\qquad\qquad\downarrow {/0}$$
$$1001 \xleftarrow{/0} 1000 \xleftarrow{/0} 0111 \xleftarrow{/0} 0110 \xleftarrow{/0} 0101$$

74LS161 的计数状态转换图为:

排列: $Q_3^n Q_2^n Q_1^n Q_0^n$ /CO

$$0000 \xrightarrow{/0} 0001 \xrightarrow{/0} 0010 \xrightarrow{/0} 0011 \xrightarrow{/0} 0100 \xrightarrow{} 0101 \xrightarrow{/0} 0110 \xrightarrow{/0} 0111$$
$$\uparrow {/1} \qquad\qquad\qquad\qquad\qquad\qquad\qquad\qquad\qquad\qquad\qquad\qquad\qquad\qquad\qquad\downarrow {/0}$$
$$1111 \xleftarrow{/0} 1110 \xleftarrow{/0} 1101 \xleftarrow{/0} 1100 \xleftarrow{} 1011 \xleftarrow{/0} 1010 \xleftarrow{/0} 1001 \xleftarrow{/0} 1000$$

(4) 74LS192 为双时钟式同步十进制可逆计数器,具有异步清零、异步置数、加法计数、减法计数、保持不变功能,如表 2 – 7 – 2 所示。

表 2 – 7 – 2　　74LS192 功能表

输　入					输　出				说　明
CR	$\overline{LD}$	CP_U	CP_D	$D_3 D_2 D_1 D_0$	Q_3^{n+1}	Q_2^{n+1}	Q_1^{n+1}	Q_0^{n+1}	
1	×	×	×	× × × ×	0	0	0	0	异步清零
0	0	×	×	$d_3\ d_2\ d_1\ d_0$	d_3	d_2	d_1	d_0	异步置数
0	1	↑	1	× × × ×	加法计数				$\overline{CO} = \overline{CP_U} \cdot Q_3^n Q_0^n$
0	1	1	↑	× × × ×	减法计数				$\overline{BO} = \overline{CP_D} \cdot Q_3^n Q_2^n Q_1^n Q_0^n$
0	1	1	1	× × × ×	保持				$\overline{CO} = \overline{BO} = 1$

CP_U 是加法计数脉冲输入端,CP_D 是减法计数脉冲输入端。

D_3、D_2、D_1、D_0 是并行数据输入端。

Q_3、Q_2、Q_1、Q_0 是计数状态输出端。

CR 是异步清零端,高电平"1"有效。当 CR=1 时,即使 $Q_3^{n+1}Q_2^{n+1}Q_1^{n+1}Q_0^{n+1}=0000$。

$\overline{\text{LD}}$ 是异步置数端,低电平"0"有效。当 CR=0、$\overline{\text{LD}}$=0 时,$Q_3^{n+1}Q_2^{n+1}Q_1^{n+1}Q_0^{n+1}=d_3d_2d_1d_0$。

当 CR 为低电平,$\overline{\text{LD}}$ 为高电平,即当 CR=0、$\overline{\text{LD}}$=1 时执行计数功能。

执行加法计数时,减法计数脉冲输入端 CP_D 接高电平,即 CP_D=1。计数脉冲 CP 由加计数脉冲输入端 CP_U 输入,在计数脉冲 CP 的上升沿进行 8421 码十进制加法计数,状态转换图为

排列:$Q_3^n Q_2^n Q_1^n Q_0^n$ $/\overline{CO}$

0000 /1→ 0001 /1→ 0010 /1→ 0011 /1→ 0100
↑/0 ↓/1
1001 ←/1 1000 ←/1 0111 ←/1 0110 ←/1 0101

执行减法计数时,加法计数脉冲输入端 CP_U 接高电平,即 CP_U=1。计数脉冲 CP 由减法计数脉冲输入端 CP_D 输入。

在计数脉冲 CP 的上升沿进行 8421 码十进制减法计数,状态转换图为

排列:$Q_3^n Q_2^n Q_1^n Q_0^n$ $/\overline{BO}$

0000 /0→ 1001 /0→ 1000 /0→ 0111 /0→ 0110
↑/1 ↓/0
0001 ←/0 0010 ←/0 0011 ←/0 0100 ←/0 0101

$\overline{CO}$ 是进位输出端,$\overline{BO}$ 是借位输出端,可用于级联。

(5) 若实验采用十进制同步计数器 74LS160 芯片,因其外引脚排列及功能跟 74LS161 完全一样,只不过内部电路略有差异而已,故可参考图 2−7−1 及表 2−7−1。

三、实验原理

计数器是一个用以实现计数功能的时序逻辑部件,它不仅可用来计脉冲数,还常用作数字系统的定时、分频和执行数字运算以及其他特定的逻辑功能。

计数器种类很多,按构成计数器中的各触发器是否使用一个时钟脉冲源,可分为同步计数器和异步计数器;根据计数制的不同,可分为二进制计数器、十进制计数器和任意进数计数器;根据计数的增减趋势,可分为加法计数器、减法计数器和可逆计数器。

目前,无论是 TTL 还是 CMOS 集成电路,都有品种较齐全的中规模集成计数器。常用的 TTL 集成二进制计数器有 74LS161、74LS163、74LS191、74LS193、74LS197、74LS393 等,常用的 TTL 集成十进制计数器有 74LS160、74LS162、74LS190、74LS192、74LS290 等。

本实验采用的芯片是中规模集成计数器 74LS161 及 74LS192(或 74LS160)。

利用集成计数器可以方便地构成任意进制的计数器。

1. 单芯片实现任意进制计数

用"反馈归零"法可获得任意进制(即 N 进制)的计数器。

假定已有 M 进制计数器,而需要得到一个 N 进制计数器,只要 N<M,用"反馈归零"

法使计数器计数到 $N-1$ 时置"0"，即可获得 N 进制计数器。

1）用 74LS192 实现初态为零的六进制计数

初态为零的六进制计数器的计数状态为 0000～0101。

因为 74LS192 的清零方式和置数方式均为异步方式，且高电平清零，低电平置数，因而构成初态为零的六进制计数器时，应用计数状态 0110 构成反馈，故反馈逻辑表达式为 $CR = Q_2^n Q_1^n$，$\overline{LD} = \overline{Q_2^n Q_1^n}$，连线如图 2-7-2(a)、(b)所示。

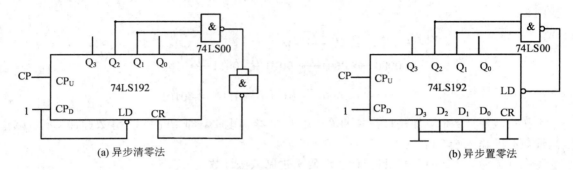

(a)异步清零法　　　　　　　　　　　　　　　(b)异步置零法

图 2-7-2　由 74LS192 构成六进制加法计数器

2）用 74LS161 实现初态为零的十二进制计数

初态为零的 12 进制计数的计数状态为 0000～1011。

74LS161 的清零方式是低电平异步清零，即当 $\overline{CR}=0$ 时立刻清零，使 $Q_3 Q_2 Q_1 Q_0 = 0000$。因而若要利用"反馈清零"法构成十二进制计数器，则需当计数状态 1100 出现时，产生"清零"信号，并且立刻清零。故得反馈逻辑表达式为 $\overline{CR} = \overline{Q_3^n Q_2^n}$，连线如图 2-7-3(a)所示。

74LS161 的置数方式是低电平同步置数，即当 $\overline{LD}=0$ 时并不立刻置零，而要等到下一个脉冲到来时，才能使 $Q_3 Q_2 Q_1 Q_0 = 0000$。因而，利用"反馈置零"法构成十二进制计数器，需当计数状态 1011 出现时产生"置零"信号，等到第 12 个脉冲的上升沿到来时即可"置零"。故得反馈逻辑表达式为 $\overline{LD} = \overline{Q_3^n Q_1^n Q_0^n}$，连线如图 2-7-3(b)所示。

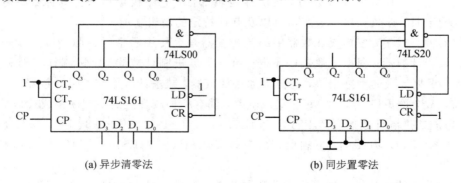

(a)异步清零法　　　　　　　　　　　　　　　(b)同步置零法

图 2-7-3　由 74LS161 构成十二进制加法计数器

2. 多芯片实现任意进制计数

为了扩大计数器的计数容量，常将多个计数器芯片级联起来使用。同步计数器往往有进位(或借位)输出端，故可选用其进位(或借位)输出信号驱动下一级计数器。

将两片不同进制的计数器级联起来，可以实现 $N_1 \times N_2$ 进制计数；将两片相同进制的计数器级联起来，可以实现 $N \times N$ 进制计数，然后根据需要再利用"反馈归零"的方法接成其他任意进制的计数器。

1）将两片 74LS192 级联实现 100 进制计数

将低位 74LS192 的进位输出端 $\overline{CO}$ 与高位加法计数脉冲输入端 CP_U 相连可构成两位十进制加法计数器；而将低位借位输出端 $\overline{BO}$ 与高位减法计数脉冲输入端 CP_D 相连可构成两位十进制减法计数器。

连线如图 2-7-4 所示，计数状态范围为 $(0000\ 0000 \sim 1001\ 1001)_{8421码}$。

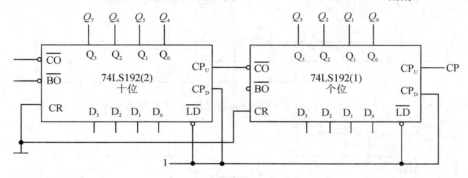

图 2-7-4　由 74LS192 构成 100 进制加法计数器

若将图中 74LS192(1) 的 CP_U 与 CP_D 的接线互换，则可实现 100 进制减法计数。

2）将两片 74LS192 级联实现初态为 1 的十二进制计数

数字时钟的计数序列是 1、2、…、11、12，计数初值是 1，计数终值是 12，是一种特殊的十二进制计数器。

用两片 74LS192 级联成 100 进制加法计数器，当计数到 13（即 $(0001\ 0011)_{8421码}$）时，通过与非门产生一个置"1"信号送至 $\overline{LD}$ 端，则立刻将计数状态置成 0000 0001，从而实现了 $(1 \sim 12)_{10}$ 计数，故异步反馈"置1"逻辑表达式为 $\overline{LD} = \overline{Q_4^n Q_1^n Q_0^n}$，电路连线图如图 2-7-5 所示。计数状态范围为 $(0000\ 0001 \sim 0001\ 0010)_{8421码}$。

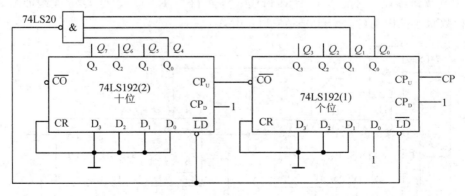

图 2-7-5　初态为 1 的特殊十二进制计数器

3）60 进制计数器的电路设计方案（设初态为 0）

（1）将两片 74LS192 级联实现 60 进制计数。

　　将两片 74LS192 级联成 100 进制计数器，再通过反馈实现 60 进制计数。由于 74LS192 的清零和置数均为异步方式，所以归零逻辑应由 $(60)_{10}=(0110\ 0000)_{8421码}$ 确定，即 $CR=Q_6^n Q_5^n$，$\overline{LD}=\overline{Q_6^n Q_5^n}$。连线图如图 2-7-6、图 2-7-7 所示。

　　计数状态变化范围为 $(0000\ 0000\sim 0101\ 1001)_{8421码}$。

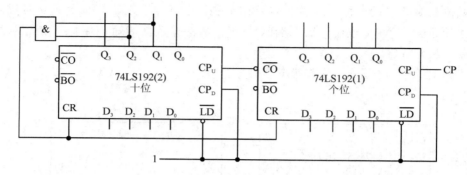

图 2-7-6　用 74LS192 的异步清零构成 60 进制加法计数器

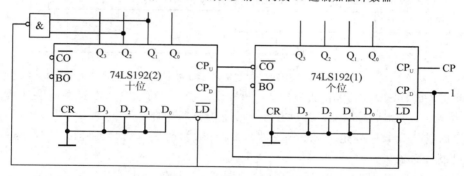

图 2-7-7　用 74LS192 的异步置零构成 60 进制加法计数器

　　(2) 将两片 74LS161 级联实现 60 进制计数。

　　将两片 74LS161 级联成 256 进制计数器，通过反馈再实现 60 进制计数。

　　若用异步清零端，则由 $(60)_{10}=(111100)_2$，可得：$\overline{CR}=\overline{Q_5^n Q_4^n Q_3^n Q_2^n}$。连线如图 2-7-8 所示，计数状态范围为 $(00000000\sim 00111100)_2$。

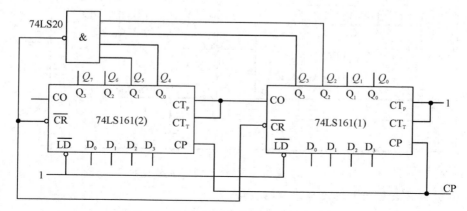

图 2-7-8　由 74LS161 构成 60 进制计数器

这种 60 进制计数器是按照二进制进行计数的，可以作为 8 级分频器使用。

四、实验内容与步骤

1. 测试 74LS161 及 74LS192(或 74LS160)的逻辑功能

1）测试 74LS161 的逻辑功能

计数脉冲 CP 由单次脉冲源提供，清零端$\overline{\text{CR}}$，置数端$\overline{\text{LD}}$，数据输入端 D_3、D_2、D_1、D_0 分别接逻辑开关，输出端 Q_3、Q_2、Q_1、Q_0 分别接至实验设备的逻辑电平显示器的插口，$\overline{\text{CO}}$也接逻辑电平显示器的一个插口。

根据表 2-7-1 逐一测试其异步清零、同步置数、加法计数功能。

异步清零：当$\overline{\text{CR}}=0$ 时，$Q_3Q_2Q_1Q_0=0000$，译码显示为 0。清零功能完成后，置$\overline{\text{CR}}=1$。

同步置数：当$\overline{\text{LD}}=0$、$\overline{\text{CR}}=1$，在 CP 上升沿到来时，$Q_3Q_2Q_1Q_0=d_3d_2d_1d_0$。观察上升沿与置数是否同步。

加法计数：当$\overline{\text{CR}}=1$、$\overline{\text{LD}}=1$、$CT_P \cdot CT_T=1$ 时，CP 端可以接单次脉冲源或 1 Hz 的连续脉冲源，将输出端 $Q_3Q_2Q_1Q_0$ 接在逻辑电平 LED 显示器的输入插口上，观察计数状态的变化是否为：

$$0000 \rightarrow 0001 \rightarrow 0010 \rightarrow 0011 \rightarrow 0100 \rightarrow 0101 \rightarrow 0110 \rightarrow 0111$$
$$1111 \leftarrow 1110 \leftarrow 1101 \leftarrow 1100 \leftarrow 1011 \leftarrow 1010 \leftarrow 1001 \leftarrow 1000$$

2）测试 74LS192(或 74LS160)的逻辑功能

（1）74LS160 的测试方法同 74LS161，只是 74LS160 的计数范围为 0000～1001。

（2）74LS192 测试：计数脉冲由单次脉冲源提供，清零端 CR，置数端 $\overline{\text{LD}}$，数据输入端 D_3、D_2、D_1、D_0 分别接逻辑开关；输出端 Q_3、Q_2、Q_1、Q_0 接实验设备的译码器显示器的输入相应插口 D、C、B、A；$\overline{\text{CO}}$和 $\overline{\text{BO}}$接逻辑电平显示器的插口。

根据表 2-7-2 逐一测试其异步清零、异步置数、加法计数、减法计数功能。

异步清零：当 CR＝1 时，将使 $Q_3Q_2Q_1Q_0＝0000$，则译码显示器应显示数字"0"。清零功能完成后，置 CR＝0。

异步置数：当 CR＝0、$\overline{\text{LD}}＝0$ 时，$Q_3Q_2Q_1Q_0＝d_3d_2d_1d_0$。观察计数译码显示输出，是否与预置的数码相符，然后置 $\overline{\text{LD}}＝1$。

加法计数：当 CR＝0、$\overline{\text{LD}}＝1$、$CP_D＝1$ 时，将加法计数 CP_U 端接入单次脉冲源或 1 Hz 的连续脉冲源，将输出端 $Q_3Q_2Q_1Q_0$ 接在逻辑电平 LED 显示器的同时，再接至 LED 数码管（内部由译码器驱动）上，即同步观察计数状态的变化，结果应如图 2-7-9 所示。

$$0000 \rightarrow 0001 \rightarrow 0010 \rightarrow 0011 \rightarrow 0100 \qquad 0 \rightarrow 1 \rightarrow 2 \rightarrow 3 \rightarrow 4$$
$$1001 \leftarrow 1000 \leftarrow 0111 \leftarrow 0110 \leftarrow 0101 \qquad 9 \rightarrow 8 \rightarrow 7 \rightarrow 6 \rightarrow 5$$

(a) 逻辑电平 LED 显示　　　　　　　(b) LED 数码管显示

图 2-7-9　74LS192 加计数状态循环图

减法计数：将加法计数接线时的 CP_U 与 CP_D 互换，即可实现十进制减法计数。观察计数状态变化是否如图 2-7-10 所示。

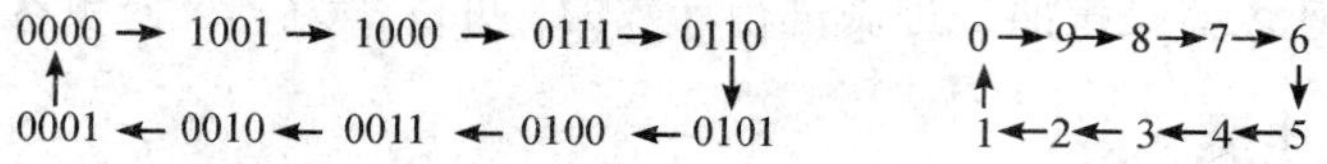

$$0000 \to 1001 \to 1000 \to 0111 \to 0110 \qquad 0 \to 9 \to 8 \to 7 \to 6$$
$$0001 \leftarrow 0010 \leftarrow 0011 \leftarrow 0100 \leftarrow 0101 \qquad 1 \to 2 \leftarrow 3 \leftarrow 4 \leftarrow 5$$

(a) 逻辑电平LED显示　　　　　　　　　　(b) LED数码管显示

图 2 - 7 - 10　74LS192 减计数状态循环图

2. 由 74LS161 构成六进制计数器和十二进制计数器

按照图 2 - 7 - 11(a)、(b)，分别利用 74LS161 的同步置数端 $\overline{LD}$ 和异步清零端 $\overline{CR}$ 接成六进制、十二进制加法计数器。将 $Q_3 Q_2 Q_1 Q_0$ 接至数字实验面板的"十六位逻辑电平输入"的任意四个插口，然后输入 1 Hz CP 脉冲，通过输出 LED 电平指示观察计数器的状态变化，并记入表 2 - 7 - 3。

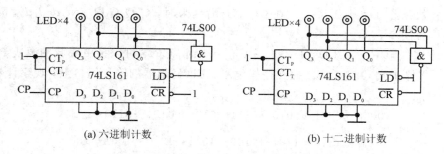

(a) 六进制计数　　　　　　　　　　　　(b) 十二进制计数

图 2 - 7 - 11　用 74LS161 实现 N 进制计数

表 2 - 7 - 3　六进制/十二进制计数器(74LS161)

CP	六进制计数状态				CP	十二进制计数状态			
	Q_3	Q_2	Q_1	Q_0		Q_3	Q_2	Q_1	Q_0
0					0				
1					1				
2					2				
3					3				
4					4				
5					5				
					6				
					7				
					8				
					9				
					10				
					11				

3. 由 74LS192 构成特殊十二进制加法计数器

按照图 2 - 7 - 12 接线，将两片 74LS192 构成初态为 1 的特殊十二进制计数器。CP 输入 1 Hz 秒脉冲，输出 $Q_7 Q_6 Q_5 Q_4$、$Q_3 Q_2 Q_1 Q_0$ 接 LED 电平指示插口(参考图 2 - 7 - 11)，同时接 8421 码译码显示器，观察计数器的状态变化，并记入表 2 - 7 - 4。

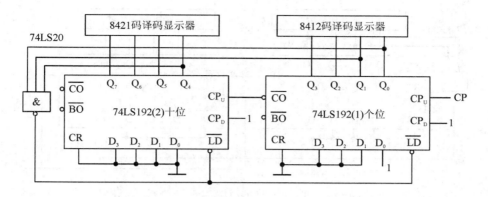

图 2-7-12　用 74LS192 实现特殊十二进制计数

表 2-7-4　特殊十二进制计数器(74LS192)

CP	LED 计数状态显示								LED 数码管显示	
	Q_7	Q_6	Q_5	Q_4	Q_3	Q_2	Q_1	Q_0	十位	个位
0										
1										
2										
3										
4										
5										
6										
7										
8										
9										
10										
11										

4. 由 74LS192 构成 60 进制计数器

按照图 2-7-13 或图 2-7-14 接线，用 LED 数码管观察 60 进制计数状态的变化。

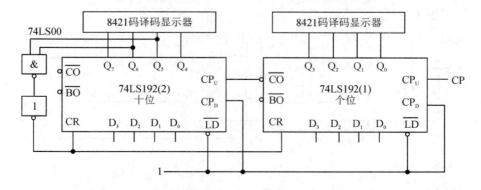

图 2-7-13　用 74LS192 的 CR 端实现 60 进制加法计数

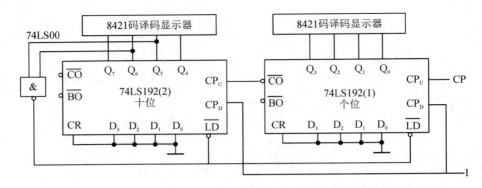

图 2-7-14　用 74LS192 的 $\overline{LD}$ 端实现 60 进制加法计数

5. 由 74LS160 构成 N 进制计数器

若实验采用 74LS160 十进制同步计数器芯片，则可参考如下接线。

1）用 74LS160 构成六进制加法计数器

参考接线图如图 2-7-15(a)、(b)所示。

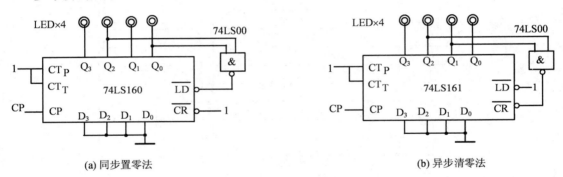

(a) 同步置零法　　　　　　　　　　　　　(b) 异步清零法

图 2-7-15　用 74LS160 构成六进制加法计数器

2）用 74LS160 构成 60 进制加法计数器

（1）用异步清零法构成 60 进制计数器的参考接线图如图 2-7-16 所示。

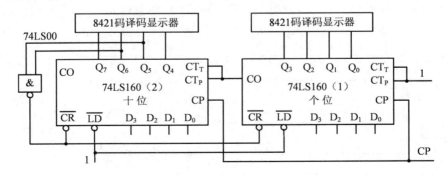

图 2-7-16　用 74LS160 的 $\overline{CR}$ 端实现 60 进制计数

（2）用同步置零法构成 60 进制计数器的参考接线图如图 2-7-17 所示。

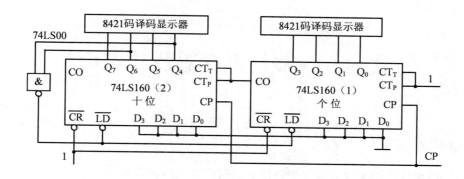

图 2-7-17　用 74LS160 的 $\overline{LD}$ 端实现 60 进制计数

注意：观察 60 进制计数器的输出状态时，最好采用 LED 显示器和 LED 数码管同步显示的方式，以便对比 8421 码与十进制数码的同步变化。

五、实验报告与要求

按照实验目的、实验原理、实验设备、实验内容、实验数据、实验总结撰写实验报告，具体要求如下：

（1）画出实验线路图，整理实验数据，画出各种计数器的状态图。

（2）总结使用单片集成计数器设计 N 进制计数器的方法。

（3）总结说明用集成十进制计数器扩容后构成任意进制计数器，与集成十六进制计数器扩容后构成任意进制计数器的不同之处。

六、问题思考与练习

（1）用集成计数器设计 N 进制计数器的方法有哪些？设计时使用同步端反馈和异步端反馈的主要区别是什么？

（2）用集成十进制计数器和用集成二进制计数器设计 N 进制计数器有何不同？

（3）若用集成同步十进制加法计数器 74LS160 构成初态为 0 的六进制、十二进制、60 进制加法计数器，应该如何设计？试画出接线图。

（4）若用 74LS192 构成初态为 0 的六进制减法计数器、60 进制减法计数器，应该如何设计？试画出接线图。

实验八　移位寄存器及其应用

一、实验目的

（1）掌握中规模四位双向移位寄存器的逻辑功能及测试方法。

（2）掌握用移位寄存器实现数码的串行、并行转换及构成顺序脉冲发生器。

二、实验设备与器件

本实验所需的设备与器件包括：① +5 V 直流电源；② 逻辑电平开关；③ 逻辑电平显示器；④ 直流数字电压表；⑤ 单次脉冲源；⑥ 芯片 74LS00×1，74LS30×1，74LS194×2。

实验采用芯片的引脚排列及功能如图 2-8-1 所示。

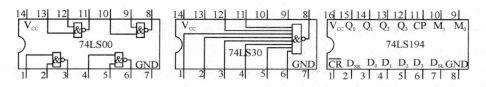

图 2-8-1　芯片引脚排列及功能

（1）74LS00 为四-2 输入与非门，内部有四个独立的 2 输入与非门。

（2）74LS30 为 8 输入与非门，内部有一个独立的 8 输入与非门。

（3）74LS194 为四位双向通用移位寄存器，其逻辑功能表如表 2-8-1 所示。

表 2-8-1　74LS194 功能表

$\overline{CR}$	M_1	M_0	CP	D_{SR}	D_{SL}	D_0	D_1	D_2	D_3	Q_0^{n+1}	Q_1^{n+1}	Q_2^{n+1}	Q_3^{n+1}	功能
0	×	×	×	×	×	×	×	×	×	0	0	0	0	清零
1	×	×	0	×	×	×	×	×	×	Q_1^n	Q_2^n	Q_3^n	Q_4^n	保持
1	1	1	↑	×	×	d_0	d_1	d_2	d_3	d_0	d_1	d_2	d_3	并行输入
1	0	1	↑	1	×	×	×	×	×	1	Q_0^n	Q_1^n	Q_2^n	右移输入 1
1	0	1	↑	0	×	×	×	×	×	0	Q_0^n	Q_1^n	Q_2^n	右移输入 0
1	1	0	↑	×	1	×	×	×	×	Q_1^n	Q_2^n	Q_3^n	1	左移输入 1
1	1	0	↑	×	0	×	×	×	×	Q_1^n	Q_2^n	Q_3^n	0	左移输入 0
0	0	0	×	×	×	×	×	×	×	Q_0^n	Q_1^n	Q_2^n	Q_3^n	保持

CP 为时钟脉冲输入端，上升沿有效，$\overline{CR}$为异步清零端，低电平有效；

D_0、D_1、D_2、D_3 为并行数码输入端，Q_0、Q_1、Q_2、Q_3 为并行数码输出端；

D_{SR} 为右移串行数码输入端，D_{SL} 为左移串行数码输入端。

M_1、M_0 为工作状态控制端：

$M_1M_0=00$ 时，保持状态不变；$M_1M_0=01$ 时，右移输入（方向由 $Q_0 \rightarrow Q_3$）；$M_1M_0=10$ 时，左移输入（方向由 $Q_3 \rightarrow Q_0$）；$M_1M_0=11$ 时，并行输入。

74LS194 有 5 种功能：异步清零、并行送数、右移串行送数、左移串行送数、保持。其逻辑功能示意图如图 2-8-2 所示。

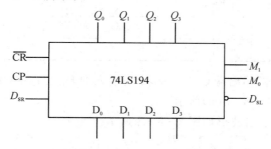

图 2-8-2　74LS194 逻辑功能示意图

三、实验原理

移位寄存器是指具有移位功能的数码寄存器，寄存器中的数码能够在移位脉冲的作用下依次左移或右移。把左移和右移寄存组合起来，再加上移位方向控制信号，便可方便地构成既能左移又能右移的寄存器，称为双向移位寄存器。

移位寄存器应用很广，可构成移位寄存器型计数器、顺序脉冲发生器、串行累加器，还可用于数据转换，即把串行数据转换为并行数据，或把并行数据转换为串行数据等。

1. 顺序脉冲发生器

把移位寄存器的输出反馈到它的串行输入端，就可以进行循环移位。如图 2-8-3(a) 所示，把输出端 Q_3 和右移串行输入端 D_{SR} 相连接，通过并行输入方式将初始状态设为 $Q_0Q_1Q_2Q_3=0001$，则在移位脉冲 CP 作用下，$Q_0Q_1Q_2Q_3$ 状态将依次变为 $1000 \rightarrow 0100 \rightarrow 0010 \rightarrow 0001 \rightarrow 1000 \rightarrow \cdots$，如表 2-8-2 所示。可见它是一个具有四个有效状态的可以输出四个顺序正脉冲的顺序脉冲发生器。

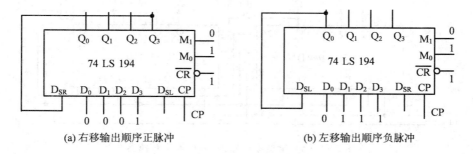

(a) 右移输出顺序正脉冲　　　　　　　　(b) 左移输出顺序负脉冲

图 2-8-3　用 74LS194 构成顺序脉冲发生器

若把初始状态设置为 1110，则可以输出四个顺序负脉冲，$Q_0Q_1Q_2Q_3$ 将依次变为 0111 $\rightarrow$1011$\rightarrow$1101$\rightarrow$1110$\rightarrow$0111$\rightarrow$…，如表 2-8-2 所示。

表 2 – 8 – 2　顺序脉冲发生器状态表

4 个顺序正脉冲					4 个顺序负脉冲				
CP	Q_0	Q_1	Q_2	Q_3	CP	Q_0	Q_1	Q_2	Q_3
0	1	0	0	0	0	0	1	1	1
1	0	1	0	0	1	1	0	1	1
2	0	0	1	0	2	1	1	0	1
3	0	0	0	1	3	1	1	1	0

如果将 74LS194 中的输出端 Q_0 与左移串行输入端 D_{SL} 相连接，即构成左移循环移位的顺序脉冲发生器，如图 2 – 8 – 3(b)所示。

顺序脉冲发生器的输出波形如图 2 – 8 – 4 所示。

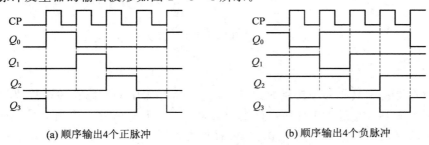

(a) 顺序输出4个正脉冲　　　　　　　　　　(b) 顺序输出4个负脉冲

图 2 – 8 – 4　顺序脉冲发生器波形图

当需要移位的数码位多于四位时，可根据数码位数把几片中规模集成移位寄存器用级联的方法扩展位数。

2. 实现数码输入/输出方式的转换

（1）串行输入/并行输出转换器。

串行输入/并行输出转换是指串行输入的数码经转换电路之后变换成并行输出。图 2 – 8 – 5 所示是用两片 74LS194 组成的七位串行输入/并行输出数码转换电路。

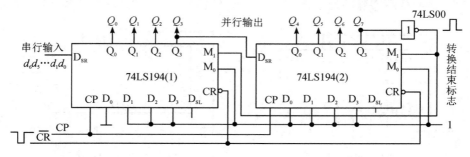

图 2 – 8 – 5　七位串行输入/并行输出转换器

电路中，M_0 端接高电平 1，M_1 受 Q_7 控制，两片寄存器连接成串行输入右移工作模式，Q_7 是转换结束标志。

当 $Q_7 = 1$ 时，M_1 为 0，使之成为 $M_1 M_0 = 01$ 的串入右移工作方式；当 $Q_7 = 0$ 时，$M_1 = 1$，使 $M_1 M_0 = 11$，则串行送数结束，标志着串行输入的数码已转换成并行输出了。

串行输入/并行输出转换的具体过程如下：

转换前，$\overline{CR}$端加低电平，使(1)、(2)两片寄存器的内容清零，此时 $M_1 M_0 = 11$，寄存器执行并行输入工作方式。当第一个 CP 脉冲到来后，寄存器并行输入数码，输出状态 $Q_0 \sim Q_7$ 为 01111111。与此同时，$M_1 M_0$ 变为 01，转换电路又变为执行串入右移工作方式，串行输入数码由 74LS194(1)片的 D_{SR} 端加入。随着 CP 脉冲的依次加入，输出状态的变化如表 2-8-3 所示。

表 2-8-3　七位串入/并出转换器功能表

$\overline{CR}$	CP	Q_0	Q_1	Q_2	Q_3	Q_4	Q_5	Q_6	Q_7	$M_1 M_0$	说明
0	0	0	0	0	0	0	0	0	0	1 1	清零
1	1(↑)	0	1	1	1	1	1	1	1	0 1	并行送数
1	2(↑)	d_0	0	1	1	1	1	1	1	01	右移输入
1	3(↑)	d_1	d_0	0	1	1	1	1	1	01	右移输入
1	4(↑)	d_2	d_1	d_0	0	1	1	1	1	01	右移输入
1	5(↑)	d_3	d_2	d_1	d_0	0	1	1	1	01	右移输入
1	6(↑)	d_4	d_3	d_2	d_1	d_0	0	1	1	01	右移输入
1	7(↑)	d_5	d_4	d_3	d_2	d_1	d_0	0	1	01	右移输入
1	8(↑)	d_6	d_5	d_4	d_3	d_2	d_1	d_0	0	11	右多输入 转换结束

由表 2-8-3 可见，右移操作七次之后，Q_7 变为 0，$M_1 M_0$ 又变为 11，说明串行输入结束。这时，串行输入的数码已经转换成并行输出的数码了。

当再来一个 CP 脉冲时，电路又重新执行下一次并行输入工作，为第二组串行数码的并行输出转换作好了准备。

(2) 并行输入/串行输出转换器。

并行输入/串行输出转换器是指并行输入的数码经转换电路之后变换成串行输出方式。

图 2-8-6 是用两片 74LS194 组成的七位并行输入/串行输出转换电路，电路输出工作方式为右移。

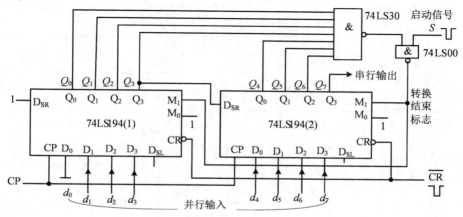

图 2-8-6　七位并行输入/串行输出转换器

寄存器清零后，使得与非门输出为1。然后加一个转换启动信号 S（负脉冲或低电平）。此时，由于工作方式控制 M_1M_0 为11，所以转换电路执行并行输入操作。

转换启动信号结束后，在第一个 CP 脉冲作用后下，并行输入数码存入寄存器，$Q_0Q_1Q_2Q_3Q_4Q_5Q_6Q_7=0d_1d_2d_3d_4d_5d_6d_7$。由于与非门"有0出1，全1出0"，使 M_1M_0 变为01，所以电路将在 CP 脉冲的作用下，开始执行右移串行输出，待右移操作七次后，$Q_0 \sim Q_6$ 的状态都为高电平1，M_1M_0 又变为11，表示并行输入/串行输出转换结束，同时为第二次并行输入做好了准备。转换过程如表 2-8-4 所示。

表 2-8-4　七位并入/串出转换器功能表

$\overline{CR}$	S	CP	Q_0	Q_1	Q_2	Q_3	Q_4	Q_5	Q_6	Q_7	M_1M_0	说明
0	×	×	0	0	0	0	0	0	0	0	×1	清零
1	0	1(↑)	0	d_1	d_2	d_3	d_4	d_5	d_6	d_7	11	送数
1	1	2(↑)	1	0	d_1	d_2	d_3	d_4	d_5	d_6	01	右移
1	1	3(↑)	1	1	0	d_1	d_2	d_3	d_4	d_5	01	右移
1	1	4(↑)	1	1	1	0	d_1	d_2	d_3	d_4	01	右移
1	1	5(↑)	1	1	1	1	0	d_1	d_2	d_3	01	右移
1	1	6(↑)	1	1	1	1	1	0	d_1	d_2	01	右移
1	1	7(↑)	1	1	1	1	1	1	0	d_1	01	右移
1	1	8(↑)	1	1	1	1	1	1	1	0	11	右移/结束

四、实验内容与步骤

1. 测试 74LS194 的逻辑功能

$\overline{CR}$、M_1、M_0、D_{SL}、D_{SR}、D_0、D_1、D_2、D_3 分别接至逻辑电平开关的输出插口，Q_0、Q_1、Q_2、Q_3 接至逻辑电平显示器输入插口，CP 端接单次脉冲源。按表 2-8-5 所规定的输入状态，逐项进行测试。

表 2-8-5　74LS194 逻辑功能测试表

清除	模式		时钟	串行		输　入				输　出				功能总结
$\overline{CR}$	M_1	M_0	CP	D_{SL}	D_{SR}	D_0	D_1	D_2	D_3	Q_0	Q_1	Q_2	Q_3	
0	×	×	×	×	×	×	×	×	×					
1	1	1	↑	×	×	d_0	d_1	d_2	d_3					
1	0	1	↑	×	0	×	×	×	×					
1	0	1	↑	×	1	×	×	×	×					
1	0	1	↑	×	0	×	×	×	×					
1	0	1	↑	×	1	×	×	×	×					
1	1	0	↑	1	×	×	×	×	×					
1	1	0	↑	0	×	×	×	×	×					
1	1	0	↑	0	×	×	×	×	×					
1	1	0	↑	1	×	×	×	×	×					
1	0	0	↑	×	×	×	×	×	×					

(1) 清零：令$\overline{CR}=0$，其他输入任意，这时寄存器输出Q_0、Q_1、Q_2、Q_3应全为0。清零后，置$\overline{CR}=1$。

(2) 送数：令$\overline{CR}=M_1=M_0=1$，送入任意四位二进制数，即$D_0D_1D_2D_3=d_0d_1d_2d_3$，加CP脉冲，观察CP=0、CP由$0\rightarrow1$、CP由$1\rightarrow0$三种情况下寄存器输出状态的变化，注意观察寄存器输出状态变化是否发生在CP脉冲的上升沿。

(3) 右移：清零后，令$\overline{CR}=1$，$M_1=0$，$M_0=1$，由右移输入端D_{SR}依次送入二进制数码（如0101），在CP端连续输入4个脉冲，观察并记录输出端状态的变化情况。

(4) 左移：先清零，再令$\overline{CR}=1$，$M_1=1$，$M_0=0$，由左移输入端D_{SL}送入二进制数码（如1001），连续输入4个CP脉冲，观察并记录输出端状态的变化情况。

(5) 保持：寄存器预置任意四位二进制数码$d_0d_1d_2d_3$，令$\overline{CR}=1$，$M_1=M_0=0$，加CP脉冲，观察寄存器的输出状态是否变化。

2. 构成顺序脉冲发生器

1) 用74LS194构成4位右移顺序脉冲发生器

(1) 顺序输出正脉冲。

按照图2-8-3(a)接线，构成顺序输出四个正脉冲的逻辑电路。

首先清零，然后使$M_1M_0=11$，$D_0D_1D_2D_3=0001$，加CP脉冲预置数，使$Q_0Q_1Q_2Q_3=D_0D_1D_2D_3=0001$。再使$M_1M_0=01$，依次输入单次正脉冲，通过逻辑电平LED显示器观察输出端状态的变化情况，并将结果记入表2-8-6。

(2) 顺序输出负脉冲。

根据图2-8-3(a)将寄存器状态预置为1110，其他方法步骤参考(1)，将实验结果记入表2-8-7。

表2-8-6 顺序正脉冲测试表

CP	Q_0	Q_1	Q_2	Q_3
0				
1				
2				
3				
4				

表2-8-7 顺序负脉冲测试表

CP	Q_0	Q_1	Q_2	Q_3
0				
1				
2				
3				
4				

2) 用74LS194构成4位左移顺序脉冲发生器

按照图2-8-3(b)接线，即可构成左移循环输出的顺序脉冲发生器的逻辑电路。

若将寄存器状态预置为1000，则为左移顺序输出4个正脉冲的逻辑电路；若将寄存器状态预置为0111，则为左移顺序输出4个负正脉冲的逻辑电路。

按照1)中所述右移顺序脉冲发生器的实验方法步骤进行实验操作即可。

3. 实现数码输入/输出方式的转换

（1）串行输入/并行输出的转换。

按图 2-8-5 接线，进行右移输入/并行输出实验，串入数码 $d_6d_5d_4d_3d_2d_1d_0$ 自定，实验结果记入表 2-8-8。

（2）并行输入/串行输出的转换。

按图 2-8-6 接线，进行并行输入/右移串出实验，并入数码 $d_0=0$，$d_1d_2d_3d_4d_5d_6$ 自定，实验结果记入表 2-8-9。

表 2-8-8　串行输入/并行输出转换表

CP	Q_0 Q_1 Q_2 Q_3 Q_4 Q_5 Q_6 Q_7
0	
1	
2	
3	
4	
5	
6	
7	
8	
9	

表 2-8-9　并行输入/串行输出转换表

CP	Q_0 Q_1 Q_2 Q_3 Q_4 Q_5 Q_6 Q_7
0	
1	
2	
3	
4	
5	
6	
7	
8	
9	

五、实验报告与要求

按照实验目的、实验原理、实验设备、实验内容、实验数据、实验总结撰写实验报告，具体要求如下：

（1）根据实验结果，总结双向移位寄存器 74LS194 的逻辑功能。

（2）画出 4 位顺序脉冲发生器的状态转换图及输出波形图。

（3）总结用 74LS194 实现顺序输出正脉冲、顺序输出负脉冲的方法。

（4）分析串入/并出、并出/串入转换器的实验原理，画出电路图并阐述实验方法。

六、问题思考与练习

（1）除采用 $\overline{CR}$ 输入低电平使寄存器清零外，可否采用右移或左移的方法实现清零？

（2）分析图 2-8-3(a)、(b)所示的顺序脉冲发生器的工作原理。

（3）分析图 2-8-5 所示的七位串行/并行转换器的工作原理。

（4）分析图 2-8-6 所示的七位并行/串行转换器的工作原理。

（5）如果用两片 74LS194 构成七位左移串行/并行转换器，应如何接线？

（6）如果用两片 74LS194 构成七位左移并行/串行转换器，应如何接线？

实验九　脉冲产生与整形电路

一、实验目的

（1）掌握用门电路和 555 定时器构成脉冲信号产生电路的方法。

（2）掌握脉冲波形产生电路参数的计算及定时元件的选用。

（3）理解石英晶体稳频原理并掌握用石英晶体构成振荡器的方法。

（4）掌握用 555 定时器构成单稳态触发器、施密特触发器的方法。

二、实验设备与器件

本实验所需的设备与器件包括：① +5 V 直流电源；② 双踪示波器；③ 逻辑电平显示器；④ 逻辑电平开关；⑤ 数字频率计；⑥ 直流数字电压表；⑦ 芯片 74LS00，CC4011，NE555，石英晶振（32 768 Hz）；⑧ 电位器、电阻、电容若干。

实验采用的芯片引脚排列及功能如图 2-9-1 所示。

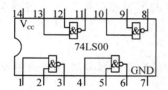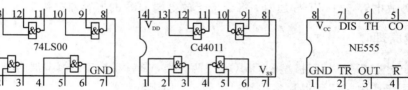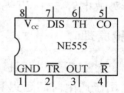

图 2-9-1　芯片引脚排列及功能

74LS00 为 TTL 四-2 输入与非门，CD4011 为 CMOS 四-2 输入与非门。

NE555 为集成 555 定时器，内部等效电路和外部引脚如图 2-9-2 所示，功能表如表 2-9-1 所示。

NE555 内部含有两个电压比较器，一个基本 RS 触发器，一个放电开关管 VT。比较器的参考电压由三只 5 kΩ 的电阻器组成的分压器提供。高电平比较器 A_1 的同相输入端和低电平比较器 A_2 的反相输入端的参考电平分别为 $\frac{2}{3}V_{CC}$ 和 $\frac{1}{3}V_{CC}$。A_1 与 A_2 的输出端控制 RS 触发器的输出状态和放电管 VT 的开关状态。

$\overline{R}$ 是复位端，当 $\overline{R}=0$ 时，使基本 RS 触发器的输出 Q 为低电平。$\overline{R}$ 不用时应接高电平。

当输入信号加在高电平触发端 TH，且超过 $\frac{2}{3}V_{CC}$ 时，将使比较器 A_1 负饱和、基本触发器置 0，故输出端 OUT 为低电平，同时放电管 VT 导通；当输入信号加在低电平触发端 $\overline{TR}$，且低于 $\frac{1}{3}V_{CC}$ 时，将使比较器 A_2 正饱和、基本触发器置 1，输出端 OUT 为高电平，同时放电管 VT 截止。其他情况下，电路保持状态不变。

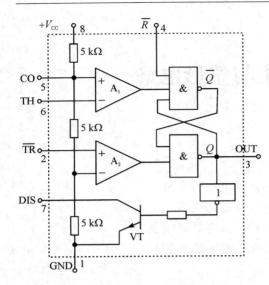

图 2-9-2 NE555 内部等效电路

表 2-9-1 555 定时器功能表

U_{TH}	$U_{\overline{TR}}$	$\overline{R}$	OUT(Q)	VT 状态
$\times$	$\times$	0	0	导通
$> \frac{2}{3}V_{CC}$	$> \frac{1}{3}V_{CC}$	1	0	导通
$< \frac{2}{3}V_{CC}$	$> \frac{1}{3}V_{CC}$	1	不变	不变
$< \frac{2}{3}V_{CC}$	$< \frac{1}{3}V_{CC}$	1	1	截止

CO 是电压控制端，当此端外接一个输入电压 U_{CO} 时，可改变两个比较器的参考电平（A_1 为 U_{CO}，A_2 为 $\frac{1}{2}U_{CO}$）。若不接外加电压，CO 端则通常通过一个 0.01 μF 的电容器接地，以消除外来干扰，确保参考电平的稳定。

VT 为放电管，当 VT 导通时，将给接于放电端 DIS 的电容器提供低阻放电通路。

三、实验原理

555 定时器有 TTL 双极型和 CMOS 型两大类，是一种数字、模拟混合型的中规模集成电路，它用于产生时间延迟和多种脉冲信号，应用十分广泛。

应用 555 定时器时，主要是将其与外接电阻、电容构成充、放电电路，并由内部的两个比较器来检测电容器上的电压是否达到参考电压，以确定输出电平的高低和放电开关管的通断。这就可以很方便地构成从几微秒到数十分钟的延时电路。

应用 555 定时器可以方便地构成单稳态触发器、多谐振荡器、施密特触发器等脉冲产生或波形变换电路。

TTL 型 555 定时器的电源电压范围为 +5 V～+15 V，CMOS 型 555 定时器的电源电压范围为 +3 V～+18 V。

1. 多谐振荡器

多谐振荡器电路很多，可以用门电路，也可以用石英晶体、555 定时器等来实现。

（1）门电路构成的多谐振荡器。

与非门作为一个开关倒相器件，可用以构成各种波形的产生电路。电路的基本工作原理是利用电容器的充、放电，当输入电压达到与非门的阈值电压 U_{TH}（约 1.4 V）时，其输出状态即发生变化。电路输出的脉冲波形周期等参数直接取决于电路中阻容元件的数值。

图 2-9-3 所示是用一块 74LS00 与非门构成的多谐振荡器。由于电路构成了一个环，因此又叫环形振荡器。门 4 用于输出波形整形，R 为限流电阻，一般取 100 Ω，要求电位器

$R_\text{w} \leqslant 1$ kΩ。电路利用电容 C 的充电、放电去控制 D 点电压，从而控制与非门的自动启闭，使电路形成多谐振荡状态。振荡周期 T 包括电容 C 的充电时间 t_w1、放电时间 t_w2，其计算公式如下所示：

$$t_\text{w1} \approx 0.94RC，\ t_\text{w2} \approx 1.26RC，\ T \approx 2.2RC$$

调节 R 和 C 的大小便可改变电路输出 u_o 的振荡频率。

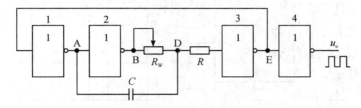

图 2-9-3　带有 RC 电路的环形振荡器

以上电路的状态转换发生在与非门输入电平达到门的阈值电压 U_TH 的时刻。在 U_TH 附近，电容器的充、放电速度已经变慢，而且 U_TH 本身也不够稳定，易受温度、电源电压变化等因素以及干扰的影响。因此，该电路输出频率的稳定性差一些。

（2）石英晶体构成的多谐振荡器。

当要求多谐振荡器的工作频率稳定性很高时，常用石英晶体作为信号频率的基准。用石英晶体和门电路构成的多谐振荡器常用来为微型计算机等提供时钟信号。

图 2-9-4 所示电路为常用的四种石英晶体多谐振荡器。其中（a）、（b）为 TTL 器件组成的晶体振荡电路；（c）、（d）为 CMOS 器件组成的晶体振荡电路，一般用于电子表中，其中晶振频率 $f_0 = 32\ 768$ Hz。

图 2-9-4（c）中，门 1 用于产生振荡，门 2 用于缓冲整形。R_f 是反馈电阻，通常为几十兆欧，一般选 22 MΩ；R 起稳定振荡作用，通常取几十至几百千欧；C_1 是频率微调电容器；C_2 用于温度特性校正。

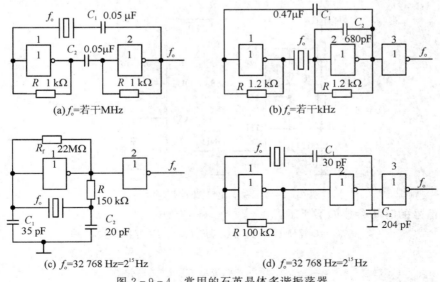

图 2-9-4　常用的石英晶体多谐振荡器

（3）555 定时器构成的多谐振荡器。

图 2-9-5(a)所示电路是 555 定时器构成的多谐振荡器。

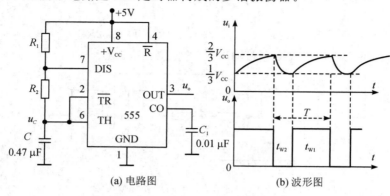

(a) 电路图　(b) 波形图

图 2-9-5　555 定时器构成的多谐振荡器

由 555 定时器和外接元件 R_1、R_2、C 构成多谐振荡器，其脚 2 与脚 6 直接相连。电路不需要外加触发信号，利用电源通过 R_1、R_2 向 C 充电，以及 C 通过 R_2 向放电端 DIS 放电，使电路产生振荡。因此电路没有稳态，仅存在两个暂稳态。其波形如图 2-9-5(b)所示。输出信号的时间参数如下所示：

$$t_{w1}=0.7(R_1+R_2)C,\ t_{w2}=0.7R_2C,\ T=t_{w1}+t_{w2}$$

式中：t_{w1} 为充电时间；t_{w2} 为放电时间；T 为振荡周期。

外部元件的稳定性决定了多谐振荡器的稳定性，555 定时器配以少量的元件即可获得较高精度的振荡频率和较强的带负载能力，因此这种形式的多谐振荡器应用很广。

图 2-9-6 所示电路是占空比可调的多谐振荡器。它比图 2-9-5 所示的电路增加了一个电位器和两个导引二极管 VD_1 和 VD_2。VD_1 和 VD_2 用来决定电容充电、放电路径。

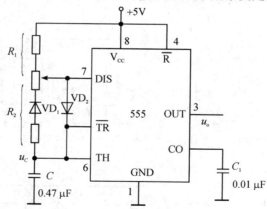

图 2-9-6　占空比可调的多谐振荡器

输出信号的时间参数如下所示：

$$t_{w1}=0.7R_1C,\ t_{w2}=0.7R_2C,\quad T=t_{w1}+t_{w2}$$

占空比为

$$q=\frac{t_{w1}}{t_{w1}+t_{w2}}\approx\frac{0.7R_1C}{0.7C(R_1+R_2)}=\frac{R_1}{R_1+R_2}$$

2. 555 定时器构成的单稳态电路

单稳态触发器的共同特点是：触发脉冲未加入前，电路处于稳态，触发脉冲加入后，电路立刻进入暂稳态。暂稳态的时间，即输出脉冲的宽度 t_w，取决于电路中定时元件 R、C 数值的大小，与触发脉冲无关。

图 $2-9-7(a)$ 为由 555 定时器和外接定时元件 R、C 构成的单稳态触发器。稳态时 555 定时器的低电平触发输入端 $\overline{TR}$ 处于电源电平，内部放电开关管 VT 导通，输出端 OUT 输出为低电平。当外部负脉冲触发信号 u_i 加到 $\overline{TR}$ 端并使其电位瞬时低于 $\frac{1}{3}V_{CC}$ 时，低电平比较器 A_2 动作，单稳态电路即开始一个暂态过程，于是电容 C 开始充电，u_C 按指数规律增长。当 u_C 充电到 $\frac{2}{3}V_{CC}$ 时，高电平比较器 A_1 动作，其状态翻转，输出 u_o 从高电平返回低电平，放电开关管 VT 重新导通，电容 C 上的电荷很快经放电开关管 VT 放电，暂态结束。因而该电路的稳态是"0 态"，暂稳态是"1 态"。输出电压 u_o 的波形图如图 $2-9-7(b)$ 所示。

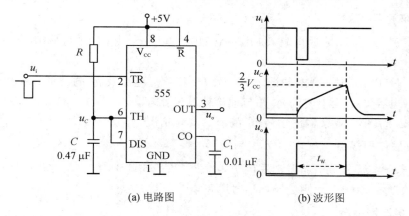

(a) 电路图　　　　　　　　　　　　　(b) 波形图

图 $2-9-7$　555 构成的单稳态触发器

暂稳态的持续时间 t_w 即为延时时间，决定于外接元件 R、C 值的大小，如下所示：

$$t_w = 1.1RC$$

通过改变 R、C 的大小，可使延时时间在几微秒到数十分钟之间变化。

3. 由 555 定时器构成的施密特触发器

只需将 555 定时器的两个触发输入端 $\overline{TR}$ 和 TH 连在一起作为信号输入端，即构成了施密特触发器，如图 $2-9-8(a)$ 所示。

由于输入信号 u_i 同时加到 555 定时器的低电平触发端 $\overline{TR}$ 和高电平触发端 TH，所以 u_i 将与 555 定时器内部的高电平比较器 A_1 的参考电平 $\frac{2}{3}V_{CC}$ 及低电平比较器 A_2 的参考电平 $\frac{1}{3}V_{CC}$ 进行比较。当输入正弦电压 u_i 上升到 $\frac{2}{3}V_{CC}$ 时，输出信号 u_o 从高电平翻转为低电平；当 u_i 下降到 $\frac{1}{3}V_{CC}$ 时，u_o 又从低电平翻转为高电平。所以施密特触发器将输入正弦波整形成了同频率的输出矩形波，如图 $2-9-8(b)$ 所示。可见，施密特触发器是一种具有滞回特性的反相器，也叫施密特反相器。

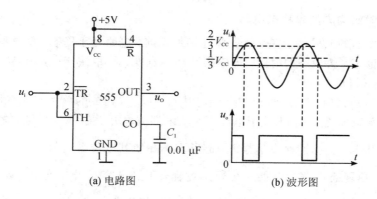

(a) 电路图　　　　　　　　　　(b) 波形图

图 2-9-8　555 定时器构成的施密特触发器

四、实验内容与步骤

1. RC 环形振荡器

按图 2-9-3 接线，定时电阻 R_W 用一个 510 Ω 与一个 1 kΩ 的电位器串联，取 $R=100$ Ω，$C=0.1$ μF。

(1) R_W 调到最大时，观察并记录 A、B、D、E 各点电压及 u_o 的波形，测出 u_o 的周期 T 和脉冲宽度（电容 C 的充电时间），并与理论计算值比较。

(2) 改变 R_W 值，观察输出信号 u_o 波形的变化情况。

2. 石英晶体振荡器

按图 2-9-4(c) 接线，晶振选用电子表晶振（32 768 Hz），与非门选用 CD4011，用示波器观测输出波形，用频率计测量输出信号频率，并记录。

3. 555 多谐振荡器

按图 2-9-5(a) 接线，用示波器观测输出波形，用频率计测量输出信号频率并记录。

4. 555 单稳态触发器

按图 2-9-7(a) 接线，输入端施加负脉冲，用示波器观察输出波形，测量其脉冲宽度并记录。

5. 555 施密特触发器

按图 2-9-8(a) 接线，输入信号由音频信号源提供，预先调好 u_i 的频率为 1 kHz，接通电源，逐渐加大 u_i 的幅度，观测输出波形，测绘电压传输特性，算出回差电压 ΔU。

五、实验报告与要求

按照实验目的、实验原理、实验设备、实验内容、实验数据、实验总结撰写实验报告，具体要求如下：

(1) 简述用门电路构成 RC 振荡器的原理及方法；分析石英晶体振荡器的工作原理。

(2) 简述由 555 定时器构成的多谐振荡器、单稳态触发器、施密特触发器的工作原理。

(3) 画出各实验电路图，设计实验记录表格，整理实验数据，并与理论值进行比较。

（4）画出实验观测到的工作波形图，并对实验结果进行分析。

六、问题思考与练习

（1）根据 555 定时器的内部电路结构分析其工作原理。

（2）分析用 555 定时器构成的多谐振荡器、单稳态触发器、施密特触发器的电路结构及工作原理。

（3）根据石英晶体振荡器的电路结构分析其工作原理，说明石英晶体振荡器的性能优于由 555 定时器构成的多谐振荡器的原因。

（4）影响多谐振荡器的振荡周期和占空比的因素有哪些？

实验十　D/A 转换与 A/D 转换

一、实验目的

（1）了解 D/A 转换器和 A/D 转换器的基本结构和工作原理。

（2）掌握大规模集成电路 D/A 转换器和 A/D 转换器的功能及其典型应用。

二、实验设备与器件

本实验所需的设备器件包括：① +5 V、±15 V 直流电源；② CP 脉冲源；③ 逻辑电平开关；④ 逻辑电平显示器；⑤ 直流数字电压表；⑥ 芯片 DAC0832、ADC0809、μA741；⑦ 电位器、电阻、电容若干。

实验采用芯片的引脚排列及功能如图 2 - 10 - 1 所示。

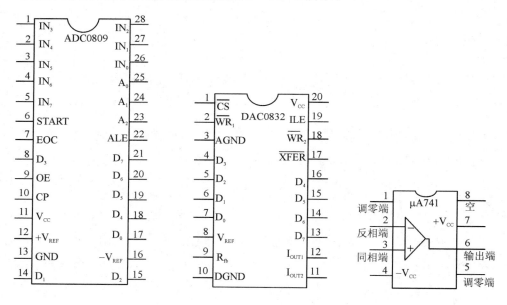

图 2 - 10 - 1　芯片引脚排列及功能

（1）D/A 转换器 DAC0832。DAC0832 是 8 位数字量/模拟量转换器，为 20 脚双列直插式器件，其引脚功能说明如下：

$D_0 \sim D_7$：8 位数字信号（数字量）输入端。

ILE：输入寄存器数据锁存允许控制信号输入端，高电平有效。

$\overline{CS}$：输入选通控制端，也叫片选信号控制端，低电平有效。

$\overline{WR_1}$：数据锁存器写信号控制端，低电平有效。

$\overline{XFER}$：数据传送控制信号输入端，低电平有效。

$\overline{WR_2}$：DAC 寄存器写信号控制端，低电平（负脉冲）有效。

I_{OUT1}：电流输出端 1，其值随 DAC 寄存器的内容线性变化。

I_{OUT2}：电流输出端 2，其值与 I_{OUT1} 值之和为一常数。

R_{fb}：反馈信号输入端，是集成在 DAC 芯片内的与外接运放连接的反馈电阻。

AGND/DGND：模拟地/数字地，一般可接在一起使用。

V_{REF}：基准电压输入端（-10 V～$+10$ V）。

V_{CC}：电源电压输入端（$+5$ V～$+15$ V）。

（2）A/D 转换器 ADC0809。ADC0809 是 8 位模拟量/数字量转换器，为 28 脚双列直插式器件，各引脚功能说明如下：

IN_0～IN_7：模拟信号（模拟量）输入通道。

A_0～A_2：3 位地址译码器的地址输入端。

D_7～D_0：8 位数据输出端。

START：转换启动信号输入端，用下降沿启动电路，A/D 转换期间，START 应保持低电平，要求脉冲宽度大于 0.1 μs；START 上升沿时，复位 ADC0809。

ALE：通道地址锁存输入端。A/D 转换前，对应 ALE 上升沿（脉冲宽度不小于 0.1 μs），将通道地址稳定锁存，并由此确定选择某个输入通道。ALE 常和 START 连在一起，使用同一脉冲信号，上升沿地址锁存，下降沿启动转换。

CP：工作脉冲输入端，外接时钟频率典型值为 640 kHz。

OE：输出使能端，高电平有效。OE=0 时，输出数据线呈高阻；OE=1 时，输出 A/D 转换的结果。

EOC：A/D 转换结束信号输出端，EOC=0 时，表示正在转换；EOC=1 时，表示转换结束。

V_{CC}：$+5$ V 单电源供电端。

$+V_{REF}$、$-V_{REF}$：基准电压的正极端、负极端。一般 $+V_{REF}$ 接 $+5$ V 电源，$-V_{REF}$ 接地。

（3）μA741。集成运放 μA741 为 8 脚双列直插式组件，各引脚功能说明如下：

2 脚为反相输入端，3 脚为同相输入端，6 脚为输出端；

7 脚为正电源端，4 脚为负电源端；

1 脚和 5 脚为调零端，两脚之间可接入一只几十千欧的调零电位器并将其滑动触头通过几千欧的电阻接到负电源端，也可将电位器的滑动触头直接接到负电源端，如图 2 - 10 - 2 所示；

8 脚为空脚。

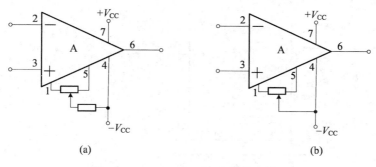

图 2 - 10 - 2　μA741 调零连线示意图

三、实验原理

在数字电子技术的很多应用场合往往需要进行模拟量与数字量的转换，将模拟量转换为数字量的电路称为模/数转换器（A/D 转换器，简称 ADC）；而将数字量转换成模拟量的电路称为数/模转换器（D/A 转换器，简称 DAC）。完成以上两种转换通常用单片大规模集成 ADC 和 DAC。

本实验采用 DAC0832 实现 D/A 转换，采用 ADC0809 实现 A/D 转换。

1. D/A 转换器 DAC0832

DAC0832 是采用 CMOS 工艺制成的单片电流输出型 8 位数/模转换器。其内部电路结构逻辑框图如图 2-10-3 所示，由于集成电路内有两级输入寄存器，从而使得 DAC0832 芯片具备双缓冲、单缓冲、直通三种输入方式，以便满足不同电路的需要。又由于 DAC0832 采用电流形式输出，当需要转换为电压输出时，可以通过外接运算放大器实现，如图 2-10-4 所示。

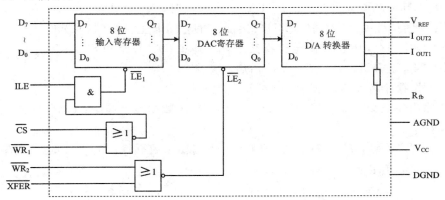

图 2-10-3　DAC0832 单片 D/A 转换器逻辑框图

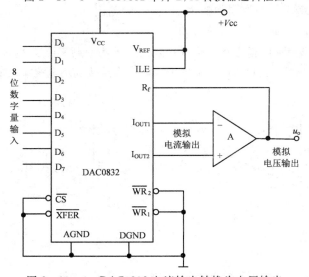

图 2-10-4　DAC0832 电流输出转换为电压输出

因 DAC0832 的核心部分"8 位 D/A 转换器"采用倒梯形电阻网络结构，故其输出模拟电压表达式为

$$u_{\text{o}} = \frac{V_{\text{REF}}}{2^n}(D_{n-1} \cdot 2^{n-1} + D_{n-2} \cdot 2^{n-2} + \cdots + D_0 \cdot 2^0)$$

$$= -\frac{V_{\text{REF}}}{2^8}(D_7 \cdot 2^7 + D_6 \cdot 2^6 + \cdots + D_0 \cdot 2^0)$$

可见，输出模拟电压 u_{o} 与输入数字量 $D_7 \sim D_0$ 成正比，从而实现了从数字量到模拟量的转换。

2. A/D 转换器 DAC0809

ADC0809 是采用 CMOS 工艺制成的单片 8 位 8 通道逐次渐近型模/数转换器，其内部结构逻辑框图如图 2 - 10 - 5 所示。

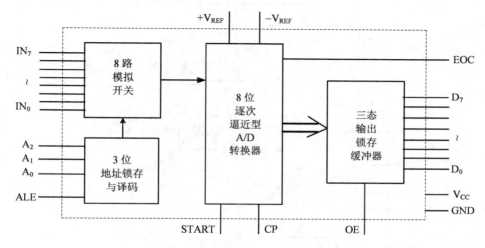

图 2 - 10 - 5　ADC0809 单片 A/D 转换器逻辑框图

ADC0809 的工作过程：首先输入三位地址，并使 ALE＝1，即可将输入的地址锁存。此地址经译码器译码后，去选通 8 路模拟输入之一到 A/D 转换器的输入比较器。按下启动键：START 上升沿使逐次逼近型寄存器复位，下降沿启动 A/D 转换，之后 EOC 输出信号变低(EOC＝0)，表示转换正在进行中，直到 A/D 转换完成，EOC 变为高电平(EOC＝1)，表示 A/D 转换结束，且转换结果已经存入三态锁存器。当 OE＝1 时，输出三态门打开，转换结果的数字量即可输出到数据总线上。

（1）模拟量输入通道选择。

8 路模拟开关是由 A_2、A_1、A_0 地址输入端选通 8 路模拟输入信号 $IN_7 \sim IN_0$ 中的任何一路进行 A/D 转换的，地址译码器与模拟输入通道的选通关系如表 2 - 10 - 1 所示。

表 2 - 10 - 1　地址译码器与模拟输入通道的选通关系

被选模拟通道		IN_0	IN_1	IN_2	IN_3	IN_4	IN_5	IN_6	IN_7
地址	A_2	0	0	0	0	1	1	1	1
	A_1	0	0	1	1	0	0	1	1
	A_0	0	1	0	1	0	1	0	1

（2）A/D 转换过程。

在启动端 START 加启动脉冲（正脉冲），A/D 转换即开始。若将启动端 START 与转换结束端 EOC 直接相连，则 A/D 转换将是连续的。采用这种转换方式时，应在外部施加启动脉冲。

四、实验内容与步骤

1. DAC0832 转换器实验

实验线路如图 2-10-6 所示。

（1）按图 2-10-6 接线，电路接成直通方式，即 $\overline{CS}$、$\overline{WR_1}$、$\overline{WR_2}$、$\overline{XFER}$接地；ALE、V_{CC}、V_{REF}接＋5 V 电源；运放电源接±15 V；$D_0 \sim D_7$ 接逻辑开关的输出插口，输出端 u_0 接直流数字电压表。

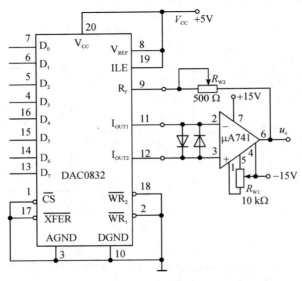

图 2-10-6 A/D 转换器实验线路

（2）调零。将输入数字量 $D_0 \sim D_7$ 全部置零，调节调零电位器 R_{W1} 使 $\mu A741$ 的输出电压 u_0 为零。

（3）按表 2-10-2 所列的输入数字信号，逐一用数字电压表测量运放的输出电压 u_0，并将测量结果填入表中，并与理论值进行比较。

表 2-10-2 8 位 D/A 转换器测试表

输入数字量								输出模拟量	
								u_0/V	
D_7	D_6	D_5	D_4	D_3	D_2	D_1	D_0	理论值	测量值
0	0	0	0	0	0	0	0		
0	0	0	0	0	0	0	1		
0	0	0	0	0	0	1	0		
0	0	0	0	0	1	0	0		

续表

输入数字量								输出模拟量	
D_7	D_6	D_5	D_4	D_3	D_2	D_1	D_0	u_o/V	
								理论值	测量值
0	0	0	0	1	0	0	0		
0	0	0	1	0	0	0	0		
0	0	1	0	0	0	0	0		
0	1	0	0	0	0	0	0		
1	0	0	0	0	0	0	0		
1	1	1	1	1	1	1	1		

2. ADC0809 转换器实验

（1）按图 2-10-7 接实验线路。8 路输入模拟信号 1 V～4.5 V，由 +5 V 电源经电阻 R 分压组成；变换结果 D_7～D_0 接逻辑电平显示器输入插口，CP 时钟脉冲由计数脉冲源提供，取 $f=100\ kHz$；A_0～A_2 地址端接逻辑电平开关输出插口。

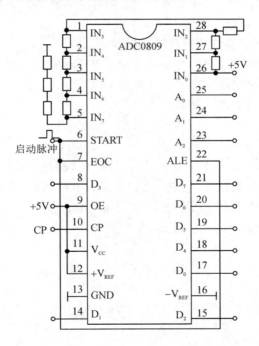

图 2-10-7　ADC0809 实验线路图

（2）接通电源后，在启动端 START 加一正单次脉冲，则在其下降沿开始 A/D 转换。

（3）按表 2-10-3 的要求，观察、记录 8 路模拟信号 IN_0～IN_7 的数字转换结果，并将转换结果换算成十进制表示的电压值，然后与数字电压表实测的各路输入电压值 u_i 进行比较，分析误差原因。

表 2 - 10 - 3　8 位 A/D 转换器测试表

模拟通道	输入模拟量	输入地址			输出数字量								
IN	u_i/V	A_2	A_1	A_0	D_7	D_6	D_5	D_4	D_3	D_2	D_1	D_0	十进制数
IN_0	5.0	0	0	0									
IN_1	4.5	0	0	1									
IN_2	4.0	0	1	0									
IN_3	3.5	0	1	1									
IN_4	3.0	1	0	0									
IN_5	2.5	1	0	1									
IN_6	2.0	1	1	0									
IN_7	1.5	1	1	1									

五、实验报告与要求

按照实验目的、实验原理、实验设备、实验内容、实验数据、实验总结撰写实验报告，具体要求如下：

（1）总结 A/D、D/A 转换的原理及转换过程。

（2）画出实验电路，整理实验数据并与理论值进行比较。

（3）画出实验观测到的工作波形图，并对波形进行分析。

（4）整理实验数据，分析实验结果。

六、问题思考与练习

（1）根据 A/D、D/A 转换电路，分析 A/D、D/A 转换原理及转换过程。

（2）熟悉 ADC0809 转换器与 DAC0832 转换器各引脚功能及使用方法。

（3）绘制完整的实验线路图和所需的实验记录表格。

（4）根据实验内容拟定具体的实验方案。

第三篇

电子电路综合实验

实验一　用运算放大器组成万用表的设计与调试

一、实验目的

(1) 学习用集成运算放大器设计万用表，技术指标要求如下：

① 直流电压表：满量程＋6 V。

② 直流电流表：满量程 10 mA。

③ 交流电压表：满量程 6 V，50 Hz～1 kHz。

④ 交流电流表：满量程 10 mA。

⑤ 欧姆表：满量程分别为 1 kΩ，10 kΩ，100 kΩ。

(2) 学习万用表的组装与调试方法。

二、实验设备与器件

本实验所需的设备与器件包括：① ＋9 V 直流电源；② 函数信号发生器；③ 双踪示波器；④ 交流毫伏表；⑤ 直流电压表；⑥ 电流毫安表；⑦ 频率计；⑧ 集成运放 μA741；⑨ 8 Ω 扬声器、电阻器、电容器若干；⑩ 1/4W 的金属膜电阻器；⑪ 二极管 1N4007×4、1N4148×1；⑫ 稳压管 1N4728×1。

实验采用芯片 μA741 为 8 脚双列直插式器件，其引脚排列及功能如图 3 - 1 - 1 所示。

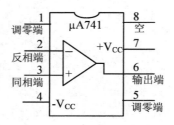

图 3 - 1 - 1　μA741 引脚排列及功能

三、实验原理

在实际测量中，万用表的接入应不影响被测电路的工作状态，这就要求电压表应具有无穷大的输入电阻，电流表的内阻应为零。但实际上，万用表表头的可动线圈总有一定的电阻，例如 100μA 的表头，其内阻约为 1 kΩ，用它进行测量时将影响被测量，从而引起误差。此外，交流电表中的整流二极管的压降和非线性特性也会产生误差。如果在万用表中使用运算放大器，就能大大降低这些误差，提高测量精度。在欧姆表中采用运算放大器，不仅能得到线性刻度，还能实现自动调零。

1. 直流电压表

图 3-1-2 为同相端输入、高精度直流电压表的电路原理图。

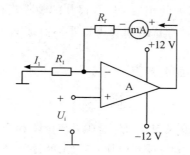

图 3-1-2 直流电压表电路原理图

为了减小表头参数对测量精度的影响，通常要将表头置于运算放大器的反馈回路中，这时，流经表头的电流与表头的参数无关，只要改变电阻 R_1 就可进行量程的切换。

根据理想运放的基本性质，可以确定表头电流 I 与被测电压 U_i 的关系为

$$I = \frac{U_i}{R_1}$$

应当指出：图 3-1-2 适用于被测电路与运算放大器共地的有关电路。此外，当被测电压较高时，应在运放的输入端设置衰减器。

2. 直流电流表

图 3-1-3 是浮地直流电流表的电路原理图。在电流测量中，浮地电流的测量是普遍存在的，例如：若被测电流无接地点，就属于这种情况。为此，应把运算放大的电源也对地浮动，按此种方式构成的电流表可像常规电流表那样，串联在任何电流通路中测量电流。

根据理想运放的基本性质，有

$$I_i R_1 + (I_i - I) R_2 = 0$$

所以，表头电流 I 与被测电流 I_i 的关系为

$$I = \left(1 + \frac{R_1}{R_2}\right) I_i$$

可见，改变电阻比 (R_1/R_2) 可调节流过电流表的电流，以提高灵敏度。如果被测电流较大，则应给电流表表头并联分流电阻。

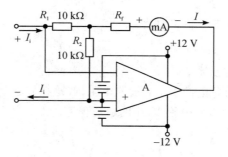

图 3-1-3 直流电流表电路原理图

3. 交流电压表

由运算放大器、二极管整流桥和直流毫安表组成的交流电压表如图 3-1-4 所示。被测交流电压 u_i 加到运算放大器的同相端，故有很高的输入阻抗，又因为负反馈能减小反馈回路中的非线性影响，故把二极管桥路和表头置于运算放大器的反馈回路中，以减小二极管本身非线性的影响。

表头电流 I 与被测电压 u_i 的关系为

$$I = \frac{U_{i(AV)}}{R_1}$$

电流 I 全部流过桥路，其值仅与 u_i/R_1 有关，与桥路和表头参数（如二极管的死区等非线性参数）无关。表头中的电流 I 与被测电压 u_i 的全波整流平均值 $U_{i(AV)}$ 成正比。若 u_i 为正弦波，则表头可按有效值来刻度。

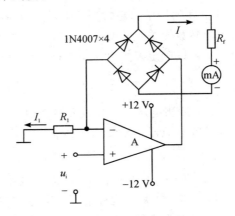

图 3-1-4　交流电压表电路原理图

4. 交流电流表

图 3-1-5 为浮地交流电流表，表头读数由被测交流电流 i 的全波整流平均值 $I_{i(AV)}$ 决定，即

$$I = \left(1 + \frac{R_1}{R_2}\right) I_{i(AV)}$$

如果被测电流 i_i 为正弦电流，即 $i_i = \sqrt{2} I_i \sin\omega t$，则上式可写为

$$I = 0.9 \left(1 + \frac{R_1}{R_2}\right) I_i$$

如此，电流表表头可按有效值来刻度。

5. 欧姆表

图 3-1-6 为多量程的欧姆表。

图中，运算放大器改由单电源供电，被测电阻 R_X 跨接在运算放大器的反馈回路中，同相端加基准电压 V_{REF}，即稳压二极管 VD_Z 的稳压值 U_Z。

因为

$$U_+ = U_- = V_{REF}$$

$$I_1 = I_X$$

$$\frac{V_{REF}}{R_1} = \frac{U_o - V_{REF}}{R_X}$$

则有：

$$U_o - V_{REF} = \frac{R_X}{R_1} V_{REF} = \frac{R_X}{R_1} U_Z$$

流经表头的电流为

$$I = \frac{U_o - U_{REF}}{R_2 + R_m}$$

$$= \frac{R_X}{R_1 (R_2 + R_m)} U_Z$$

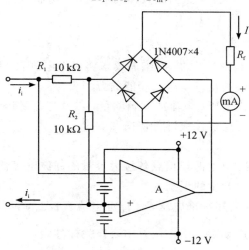

图 3 - 1 - 5　交流电流表

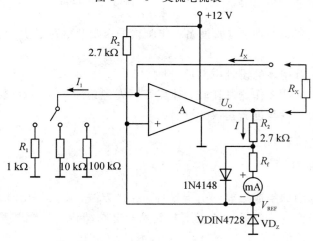

图 3 - 1 - 6　欧姆表电路原理图

可见，电流 I 与被测电阻 R_X 成正比，而且表头具有线性刻度，改变 R_1 的值，即可改变欧姆表的量程。这种欧姆表能自动调零，当 $R_X = 0$ 时，电路变成电压跟随器，$U_o = V_{REF}$，故表头电流为零，从而实现了自动调零。

二极管 VD 起保护电表的作用，如果没有二极管 VD，则当 R_X 超量程时，特别是当 R_X →∞时，运算放大器的输出电压将接近电源电压，而使表头过载。有了二极管 VD 就可使输出钳位，防止表头过载。调整 R_2 可实现满量程调节。

四、实验内容与步骤

1. 实验连线与测试

根据实验原理，分别按照图 3 - 1 - 2、3 - 1 - 3、3 - 1 - 4、3 - 1 - 5、3 - 1 - 6 进行直流电压表、直流电流表、交流电压表、交流电流表、欧姆表的实验连线及测试，并用标准电压表、标准电流表、标准电阻验证实验测试数据的准确性，分析误差原因。各实验电路中的放大器 A 的引脚连接可参考图 3 - 1 - 1。

2. 万用表的组装与调试

（1）万用表的电路是多种多样的，本实验要求将以上电压表、电流表、欧姆表的实验电路组合起来，设计一个能够满足基本测量功能的万用表。

（2）组装好的万用表作电压、电流或欧姆测量，以及进行量程切换时应用开关切换，但实验时为了简便快捷，先可用引接线进行切换和测量。

实验时注意事项如下：

① 在连接电源时，正、负电源连接点各接大容量的滤波电容器和 $0.01 \sim 0.1 \, \mu\text{F}$ 的小容量电容器，以消除通过电源产生的干扰。

② 万用表的性能测试要用标准电压表、标准电流表校正，欧姆表用标准电阻校正。考虑到实验要求不高，建议用数字式 $4\frac{1}{2}$ 位万用表作为标准表。

五、实验报告与要求

按照实验目的、实验原理、实验设备、实验内容、实验数据、实验总结撰写实验报告，具体要求如下：

（1）画出完整的万用表的设计电路原理图。

（2）将万用表与标准表作测试比较，计算万用表各功能挡的相对误差，分析误差原因。

（3）总结电路的改进与创新建议。

（4）总结实验收获与体会。

六、问题思考与练习

（1）查验实验采用的集成运放的引脚排列、连接方法，以及使用时的注意事项。

（2）根据运放构成直流电压表和直流电流表的电路结构，分析思考应如何获得被测的直流电压值、直流电流值？

（3）根据运放构成交流电压表和交流电流表的电路结构，分析思考应如何获得被测的交流电压值、交流电流值？

（4）根据运放构成欧姆表的电路结构，分析思考应如何获得被测电阻的电阻值？

实验二　用集成功率放大器实现低频功率放大

一、实验目的

(1) 了解集成功率放大器的结构、原理及应用。

(2) 学习集成功率放大器基本技术指标的测试方法。

二、实验设备与器件

本实验所需的设备与器件包括：① +9 V 直流电源；② 函数信号发生器；③ 双踪示波器；④ 交流毫伏表；⑤ 直流电压表；⑥ 电流毫安表；⑦ 频率计；⑧ 集成功放 LA4112；⑨ 8Ω 扬声器、电阻器、电容器若干。

图 3-2-1 所示是 LA4112 外形及引脚排列图，它是一种 14 脚的双列直插器件。

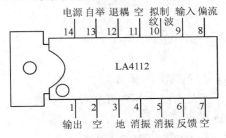

图 3-2-1　LA4112 外形及引脚排列图

在使用 LA4112 时，要注意它的电气参数，如表 3-2-1 所示。

表 3-2-1　LA4112 的主要电气参数

参　数	符号与单位	测试条件	典型值
工作电压	V_{CC}/V	—	9 V
静态电流	I_{CCQ}/mA	$U_{CC}=9$ V	15 mA
开环电压增益	A_{VO}/dB	—	70 dB
输出功率	P_o/W	$R_L=4$ Ω, $f=1$ kHz	1.7 W
输入阻抗	$R_i/kΩ$	—	20 kΩ

三、实验原理

低频功率放大器由集成功率放大器和一些外部阻容元件构成，具有线路简单、性能优越、工作可靠、调试方便等优点，在音频领域应用十分广泛。

低频功率放大器构成电路中最主要的器件为集成功放芯片，本实验采用的集成功放芯片型号为 LA4112，它的内部电路较为复杂，由三级电压放大、一级功率放大以及偏置、恒流、反馈、退耦等电路组成，如图 3-2-2 所示。不加负反馈时，其电压放大倍数接近一万，即电压增益可达 70~80 dB。

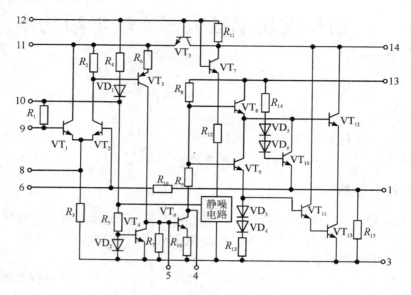

图 3-2-2　LA4112 内部电路图

集成功率放大器 LA4112 的典型应用电路如图 3-2-3 所示。电路中各电容和电阻的作用如下：

C_1、C_9——输入、输出耦合电容，起隔直耦合作用；

C_2 和 R_f——反馈元件，其大小决定了电路的闭环增益；

C_3、C_4、C_8——滤波、退耦电容；

C_5、C_6、C_{10}——消振电容，用于消除寄生振荡；

C_7——自举电容，用于改善输出波形。若无此电容，将出现输出波形半边被削波的现象。

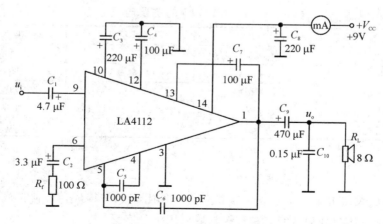

图 3-2-3　由 LA4112 构成的集成功放实验电路

四、实验内容与步骤

按图 3-2-3 连接实验电路，输入端接函数信号发生器，输出端接扬声器。

1. 静态测试

将输入信号 u_i 置零，接通 +9 V 直流电源，测量静态总电流（即毫安表读数）及集成块 LA4112 各引脚对地电压，记入表 3-2-2 中。

表 3-2-2　低频功率放大器的静态测试

引脚	1 脚	3 脚	4 脚	5 脚	6 脚	8 脚	9 脚	10 脚	11 脚	12 脚	13 脚	14 脚
测量值/V												
测量值/mA	毫安表读数：											

2. 动态测试

需对以下参数进行动态测试。

（1）最大输出功率。

① 接入自举电容 C_7，输入端接 1 kHz 正弦信号，输出端用示波器观察输出电压波形，逐渐加大输入信号 u_i 幅度，使输出电压 u_o 为最大不失真输出，用交流毫伏表测量此时的输出电压 U_{om}，则最大输出功率为

$$P_{om} = \frac{U_{om}^2}{R_L}$$

② 断开自举电容 C_7，观察输出电压波形的变化情况。

（2）输入灵敏度。要求 $U_i < 100$ mV。

（3）频率响应。

（4）噪声电压。要求 $U_N < 2.5$ mV。

3. 试听

对设计好的实验电路进行试听。

注：进行本实验时，应注意以下几点：

① 电源电压不允许超过极限值 13 V，不允许极性接反，否则将损坏集成块。

② 电路工作时要绝对避免负载短路，否则将烧毁集成块。

③ 接通电源后，应时刻注意集成块的温度。有时，未加输入信号集成块就发热过甚，同时直流毫安表指示较大电流及示波器显示幅度较大、频率较高的波形，说明电路有自激现象，应立即关机，然后进行故障分析和处理。等自激振荡消除后，才能重新进行实验。

④ 输入信号幅度不宜过大。

五、实验报告与要求

按照实验目的、实验原理、实验设备、实验内容、实验数据、实验总结撰写实验报告，具体要求如下：

（1）整理实验数据，并进行分析。

（2）画出低频功放的频率响应曲线。

（3）讨论实验中发生的问题及解决办法。

六、问题思考与练习

（1）根据集成功率放大器的内部电路结构，分析其工作原理。

（2）若将图 3-2-3 中的电容 C_7 除去，电路将会出现什么现象？

（3）在无输入信号时，若从接在输出端的示波器上观察到频率较高的波形，请问这种情况是否正常？应如何消除？

（4）如何由 +12 V 直流电源获得 +9 V 直流电源？

实验三　音频功率放大器

一、实验目的

(1) 设计并制作一个音频功率放大器，要求如下：

① 输入信号：150～500 mV。

② 输出功率：大于 10 W。

③ 频带宽度：10 Hz～1 kHz。

(2) 学习音频功率放大器的组装、调试方法。

二、实验设备与器件

本实验所需的设备与器件包括：①集成运算放大器 TL082；②集成功率放大器 TDA2030；③电容：耐压为 16 V 的电解电容器 7 只($C_1 \sim C_7$)，瓷介电容器 7 只；④电阻：10 kΩ 碳膜电位器(R_{w1})、100 kΩ 碳膜电位器(R_{w2})，1/8W 碳膜电阻若干($R_1 \sim R_{14}$)；⑤小功率整流二极管 1N4004×6($VD_1 \sim VD_6$)，1N4001×2(VD_7、VD_8)。

实验所用芯片 TL082、TDA2030 的引脚排列及功能分别如图 3-3-1(a)、(b)所示。

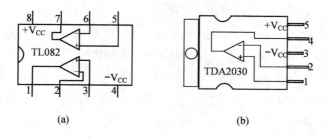

(a)　　　　　　　　　　　　　(b)

图 3-3-1　TL082、TDA2030 引脚排列及功能

三、实验原理

实验采用由电压放大器和功率放大器组成的电路结构。

1. 电压放大器

电压放大器将音频信号放大后送给功率放大器，其电路原理图如图 3-3-2 所示。电压放大器由两级运放 A_1、A_2 构成，A_1 为前置放大器。一般情况下，由于话筒输入插口 MIC IN 的输出电压较小，约为 1～10 mV，因此需要对其进行前置放大。而线路输入插口 LINE IN 的输出电压(来自录音机或者收音机音频信号)约为 150～500 mV，故不需前置放大。

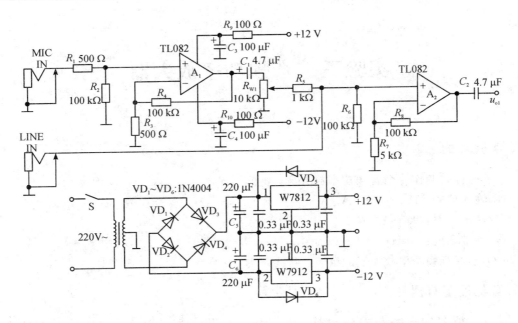

图 3-3-2　前置放大器及正负电源电路原理图

前置级运放 A_1 的电压放大倍数为 $(R_3+R_4)/R_3=201$，若话筒输入电压为 1 mV，则经过 A_1 放大后，可得到 201 mV 的输出电压。

第二级运放 A_2 的电压放大倍数为 $(R_7+R_8)/R_7=21$，经 A_1 放大的信号再经 A_2 进一步放大，其输出电压 $u_{o1}=201\text{ mV}\times21\approx4.2\text{ V}$，可见话筒输出的微弱信号经过 A_1、A_2 两级电压放大之后，足以推动后面的功率放大器。

R_{W1} 用以调节话筒放大信号，R_5 用以保护 $R_{W1}=0$ 时的线路输入信号。

C_1、C_2 为耦合电容，C_3、C_4、R_9、R_{10} 起电源去耦的作用。

2. 功率放大器

功率放大器的作用是对电压放大器的输出信号 u_{o1} 进行功率放大，以便驱动负载——扬声器工作，其电路如图 3-3-3 所示。

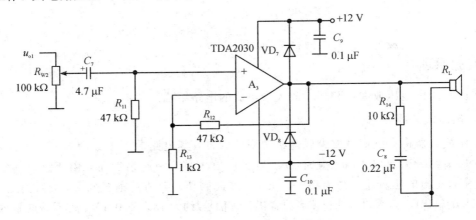

图 3-3-3　功率放大器电路原理图

放大器 A_3 采用高保真集成功率放大器 TDA2030，其频带宽度为 $10 \sim 140\,kHz$，最大输出功率不小于 $10\,W$，最大输出电流可达 $3.5\,A$，具有短路保护、过载保护功能，工作安全可靠，使用方便。

A_3 的电压放大倍数为 $(R_{12} + R_{13})/R_{13} = 48$；$R_{w2}$ 是音量调节电位器；R_{14}、C_8 用于感性负载扬声器 R_L 的高频稳定；VD_7、VD_8 是保护二极管，用于防止输出电压峰值损坏 TDA2030。

四、实验内容与步骤

根据实验原理及电路原理图自拟实验方案并搭接电路，然后分别逐级调试前置放大器，最后完成音频功率放大器整体电路的连接及测试。

五、实验报告与要求

按照实验目的、实验原理、实验设备、实验内容、实验数据、实验总结撰写实验报告，具体要求如下：

（1）分析电压放大器和功率放大器的工作原理，说明测试方法及过程。

（2）分析音频功率放大器整体电路的工作过程，说明测试方法及过程。

（3）对实验测试结果进行分析和讨论。

六、问题思考与练习

（1）简述音频功率放大器的工作原理、设计思路以及实验方案的确定。

（2）熟悉集成运放 TL082、集成功放 TDA2030 的引脚排列、功能以及使用方法。

（3）画出用集成稳压器 W7812 和 W7912 构成 $\pm 12\,V$ 电源的电路原理图。

实验四　串联型晶体管稳压电源

一、实验目的

（1）研究单相桥式整流、电容滤波电路的特性。

（2）掌握串联型晶体管稳压电源主要技术指标的测试方法。

二、实验设备与器件

本实验所需的设备与器件包括：① 可调工频电源；② 双踪示波器；③ 交流毫伏表；④ 直流电压表；⑤ 直流毫安表；⑥ 滑线变阻器 200 Ω×1 A；⑦ 晶体三极管 3DG6×2（9011×2）、3DG12×1（9013×1）；⑧ 晶体二极管 1N4007×4；⑨ 稳压管 1N4735×1；⑩ 电阻器、电容器若干。

三、实验原理

电子设备一般都需要直流电源供电。直流电除少数是直接利用干电池和直流发电机发电获得外，大多数是采用把交流电（市电）转变为直流电的半导体直流稳压电源来获得的。

直流稳压电源由电源变压器、整流电路、滤波电路和稳压电路四部分组成，其原理框图及波形如图 3-4-1 所示。

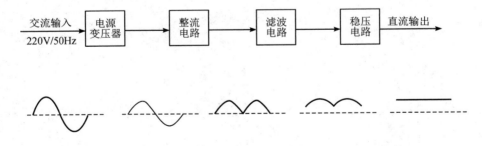

图 3-4-1　直流稳压电源原理框图及波形

电网供给的交流电压（220 V/50 Hz）经电源变压器降压后，得到符合电路需要的交流电压，然后由整流电路变换成方向不变、大小随时间变化的单向脉动电压，再用滤波器滤去其交流分量，就可得到脉动较小的直流电压。

由于滤波后的直流输出电压还会随交流电网电压的波动或负载的变化而变化，因而在对直流供电要求较高的场合，还需要使用稳压电路，以保证输出的直流电压稳定不变，由稳压电路将脉动直流变成了恒定直流。

图 3-4-2 是由分立元件组成的串联型稳压电源的电路图。

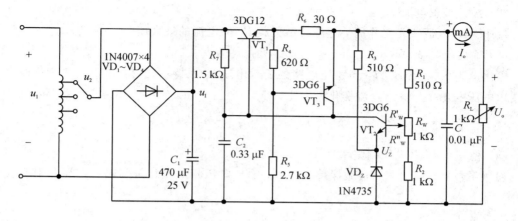

图 3-4-2　串联型稳压电源实验电路

整流电路为由 4 只二极管构成的单相桥式整流，滤波电路采用电容滤波。

稳压电路为串联型稳压电路结构，它由调整管（晶体管 VT_1）、比较放大器（由 VT_2、R_7 组成）、取样电路（由 R_1、R_2、R_w 组成）、基准电压电路（由稳压二极管 VD_Z、R_3 组成）、过流保护电路（由 VT_3 管及电阻 R_4、R_5、R_6 组成）等构成。

整个稳压电路是一个具有电压串联负反馈的闭环系统，其稳压过程如下：

当电网电压波动或负载变动引起输出直流电压发生变化时，取样电路取出输出电压的一部分送入比较放大器，并与基准电压进行比较，产生的误差信号经 VT_2 放大后送至调整管 VT_1 的基极，改变其管压降，以补偿输出电压的变化，从而达到稳定输出电压的目的。

在稳压电路中，由于调整管与负载串联，因此流过它的电流与负载电流一样大。当输出电流过大或发生短路时，调整管会因电流过大或电压过高而损坏，所以需要对调整管加以保护。在图 3-4-2 电路中，由 VT_3、R_4、R_5、R_6 组成过流型保护电路。此电路设计在 $I_{op}=1.2I_o$ 时开始起保护作用，使输出电流减小，输出电压降低。本电路在故障排除后应能自动恢复正常工作。在调试时，若保护电路提前作用，则应减小 R_6 值；若保护电路作用推后，则应增大 R_6 值。

串联型稳压电源的主要性能指标如下：

（1）输出电压 U_o 和输出电压调节范围。

输出电压 U_o 可根据以下公式计算：

$$U_o = \frac{R_1 + R_w + R_2}{R_2 + R''_w}(U_Z + U_{BE2})$$

可见，调节 R_w 可以改变输出电压 U_o。

当 R_w 的滑动端调至最上端时，$R'_w = 0$，$R''_w = R_w$，故 U_o 达到最小值，即

$$U_{omin} = \frac{R_1 + R_w + R_2}{R_2 + R_w}(U_Z + U_{BE2})$$

当 R_w 的滑动端调至最下端时，$R'_w = R_w$，$R''_w = 0$，故 U_o 达到最大值，即

$$U_{omax} = \frac{R_1 + R_w + R_2}{R_2}(U_Z + U_{BE2})$$

（2）最大负载电流 I_{om}。

I_{om} 指稳压电源正常工作时，允许通过负载 R_L 的电流的最大值。

（3）输出电阻 R_o。

输出电阻 R_o 的定义为：当稳压电路的输入电压 u_I 保持不变时，由于负载变化而引起的输出电压变化量与输出电流变化量之比，即

$$R_o = \frac{\Delta U_o}{\Delta I_o}\bigg|_{U_I = \text{常数}}$$

（4）稳压系数 S（电压调整率）。

稳压系数的定义为：当负载保持不变时，输出电压相对变化量与输入电压相对变化量之比，即

$$S = \frac{\Delta U_O / U_O}{\Delta U_I / U_I}\bigg|_{R_L = \text{常数}}$$

由于工程上常把电网电压波动 $\pm 10\%$ 作为极限条件，因此有时也将此时的输出电压的相对变化 $\Delta U_o / U_o$ 作为衡量指标，称为电压调整率。

（5）纹波电压。

纹波电压是指在额定负载条件下，输出电压中所含交流分量的有效值（或峰值）。

四、实验内容与步骤

1. 整流、滤波电路的测试

按图 3-4-3 连接实验电路。取可调工频电源电压为 16 V，作为整流电路输入电压 u_2。

（1）取 $R_L = 240\ \Omega$，不接滤波电容 C，分别用直流电压表和交流毫伏表测量整流输出的直流电压 U_o 及纹波电压 $\tilde{U}_o$，并用示波器观察 u_2 和 u_o 的波形，将实验测试结果记入表 3-4-1 中。

（2）接入滤波电容 C（$C = 470\ \mu F$），按照内容（1）的方式测量整流、滤波输出的直流电压 U_o 及纹波电压 $\tilde{U}_o$，并观察 u_2 和 u_o 的波形，将实验测试结果记入表 3-4-1 中。

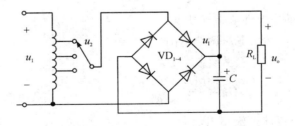

图 3-4-3　整流滤波电路

注意：① 每次改接电路时，必须切断工频电源。

② 在用模拟示波器观察输出电压 u_o 波形的过程中，"Y 轴灵敏度"旋钮位置调好以后，不要再变动，否则将无法比较各波形的脉动情况。

③ 负载电压 U_o 用直流电压表测量，纹波电压 $\tilde{U}_o$ 用交流毫伏表测量。

表 3 - 4 - 1　整流滤波电路的测试

电 路 形 式	U_o/V	$\tilde{U}_o$/V	u_o 波形
$U_2 = 16$ V $R_L = 240$ Ω 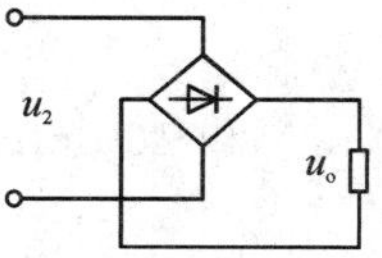 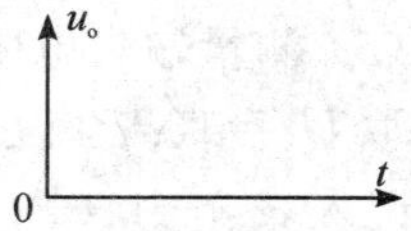			
$U_2 = 16$ V $R_L = 240$ Ω $C = 470$ μF			

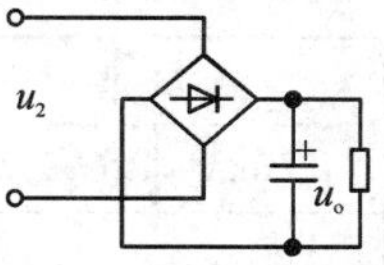

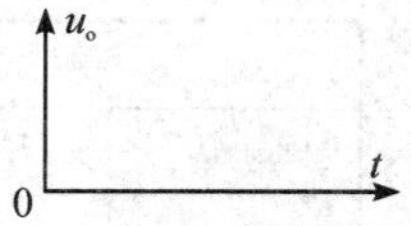

2. 串联型直流稳压电源的测试

切断工频电源,在图 3 - 4 - 3 的基础上按图 3 - 4 - 2 将实验电路连接完整。

(1) 整流电路、滤波电路、稳压电路的测量。

稳压器输出端负载开路,断开保护电路,接通 16 V 工频电源,测量整流电路输入电压 U_2、滤波电路输出电压 U_I 及稳压电路输出电压 U_o。调节电位器 R_W,观察 U_o 的大小和变化情况,如果 U_o 能跟随 R_W 线性变化,说明稳压电路各反馈环路工作基本正常,否则说明稳压电路有故障。由于稳压电路是一个深度负反馈的闭环系统,因此只要环路中任一个环节出现故障(某管截止或饱和),稳压电路就会失去自动调节作用。此时可分别检查基准电压 U_Z、输入电压 U_I、输出电压 U_o,以及比较放大器和调整管各电极的电位(主要是 U_{BE} 和 U_{CE}),分析它们的工作状态是否都处在线性区,从而找出不能正常工作的原因。排除故障以后就可以进行下一步测试。

(2) 测量输出电压可调范围。

接入负载 R_L(电位器)并调节 R_L,使输出电流 $I_o \approx 100$ mA。再调节电位器 R_W,测量输出电压可调范围 $U_{omin} \sim U_{omax}$,且当 R_W 动点在中间位置附近时使 $U_o = 12$ V。若不满足要求,可适当调整 R_1 与 R_2 的阻值。

(3) 测量各级静态工作点。

调节输出电压 $U_o = 12$ V,输出电流 $I_o = 100$ mA,测量各级静态工作点,记入表 3 - 4 - 2 中。

表 3 - 4 - 2　三极管的静态测量

电压		VT_1	VT_2	VT_3
测量值	U_B/V			
	U_C/V			
	U_E/V			
计算值	U_{BE}/V			
	U_{CE}/V			

（4）测量稳压系数 S。

调 R_L 使 $I_o=100$ mA，按表 3-4-3 改变整流电路输入电压 U_2（模拟电网电压波动），分别测出相应的稳压电路输入电压 U_1 及直流输出电压 U_o，记入表 3-4-3。

（5）测量输出电阻 R_o。

取 $U_2=16$ V，改变负载 R_L，使 I_o 分为 0（空载）、50 mA 和 100 mA，测量相应的 U_o 值，记入表 3-4-4。

表 3-4-3　稳压系数的测量

测 试 值			计 算 值
U_2/V	U_1/V	U_o/V	S
14			
16			S_{12}　　S_{23}
18			

表 3-4-4　输出电阻的测量

测 试 值		计 算 值
I_o/mA	U_o/V	R_o/Ω
0		
50		R_{o12}　　R_{o23}
100		

注：S_{12}、R_{o12} 表示利用第一组和第二组测量数据计算出的稳压系数和输出电阻；S_{23}、R_{o23} 表示利用第二组和第三组测量数据计算出的稳压系数和输出电阻。

（6）测量纹波电压。

取 $U_2=16$ V，$U_o=12$ V，$I_o=100$ mA，用交流毫伏表测量此时的纹波电压 $\widetilde{U}_o$，并记录。

（7）过流保护电路的调试。

① 断开工频电源，接上保护回路，再接通工频电源，调节 R_W 及 R_L，使 $U_o=12$ V，$I_o=100$ mA，此时保护电路应不起作用。测出 VT_3 各电极的电位值。

② 逐渐减小 R_L，使 I_o 增加到 120 mA，观察 U_o 是否下降，并测出保护起作用时 VT_3 各电极的电位值。若保护作用过早或推后，则可改变 R_6 阻值进行调整。

③ 用导线瞬时短接一下输出端，测量 U_o 值，然后去掉导线，检查电路是否能自动恢复正常工作。

五、实验报告与要求

按照实验目的、实验原理、实验设备、实验内容、实验数据、实验总结撰写实验报告，具体要求如下：

（1）对表 3-4-1 所测结果进行全面分析，总结桥式整流、电容滤波电路的特点。

（2）根据表 3-4-3 和表 3-4-4 所测数据，计算稳压电路的稳压系数 S 和输出电阻 R_o，并进行分析讨论。

（3）分析讨论实验中出现的故障及其排除方法。

六、问题思考与练习

（1）根据实验电路参数估算 U_o 的可调范围及 $U_o=12$ V 时 VT_1、VT_2 的静态工作点（假设调整管的饱和压降 $U_{CEIS}\approx1$ V）。

（2）思考图 3-4-2 中 U_2、U_1、U_o 及 $\widetilde{U}_o$ 的物理意义，并从实验仪器中选择合适的测量

仪表。

（3）在桥式整流电路实验中，能否用双踪示波器同时观察 u_2 和 u_o 的波形，为什么？

（4）在桥式整流电路中，如果某个二极管发生开路、短路或反接，将会出现什么问题？

（5）为了使稳压电源的输出电压 $U_o = 12\text{ V}$，则其输入电压的最小值 $U_{1\text{min}}$ 应为多少？交流输入电压 $U_{2\text{min}}$ 又应该怎样确定？

（6）当稳压电源输出不正常，或输出电压 U_o 不随取样电位器 R_W 而变化时，应如何检查故障所在？

（7）分析过流保护电路的工作原理。

实验五　压控振荡器

一、实验目的

(1) 了解压控振荡器的组成及原理。

(2) 掌握用集成运算放大器构成压控振荡器的方法及对其的测量方法。

二、实验设备与器件

本实验所需的设备与器件包括：① ±12 V 直流电源；② 双踪示波器；③ 交流毫伏表；④ 直流电压表；⑤ 频率计；⑥ 运算放大器 $\mu A741 \times 2$；⑦ 稳压管 2CW231$\times$1；⑧ 二极管 1N4148$\times$1；⑨ 电阻器、电容器若干。

三、实验原理

调节可变电阻或可变电容可以改变波形发生电路的振荡频率，一般是手动调节完成，而在自动控制等场合往往要求能自动地调节振荡频率。常见的方法是给出一个控制电压（例如计算机通过接口电路输出的控制电压），要求波形发生电路的振荡频率与控制电压成正比，这种电路称为压控振荡器，又称为 VCO 或 u-f 转换电路。

利用集成运放可以构成精度高、线性好的压控振荡器。下面介绍这种电路的构成和工作原理，以及振荡频率与输入电压的函数关系。

1．电路的构成及工作原理

由于积分电路输出电压变化的速度与输入电压的大小成正比，所以如果在积分电容充电使输出电压达到一定程度后，设法使它迅速放电，然后再利用输入电压给它充电，如此周而复始地充电、放电，即可产生振荡输出电压，且其振荡频率与输入电压成正比，这就是利用输入电压控制输出电压的压控振荡器。

图 3-5-1 是压控振荡器的一种电路结构形式，由滞回比较器和积分电路构成。

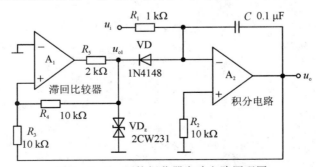

图 3-5-1　压控振荡器实验电路原理图

图 3-5-1 所示电路中放大器 A_2 构成积分电路，放大器 A_1 构成同相输入滞回比较器。当 A_1 的输出电压 $u_{o1} = +U_Z$ 时，二极管 VD 截止，输入电压 u_i 经电阻 R_1 向电容 C 充电，使输出电压 u_o 逐渐下降。当 u_o 下降到使滞回比较器 A_1 同相输入端电位略低于零时，u_{o1} 则由 $+U_Z$ 跳变为 $-U_Z$，使二极管 VD 由截止变为导通，电容 C 放电，由于放电回路的等效电阻比 R_1 小得多，因此放电很快，u_o 迅速上升，由于反馈 A_1 的 u_+ 也很快上升到大于零，故又使 u_{o1} 很快从 $-U_Z$ 跳回到 $+U_Z$，二极管又截止，因而输入电压 u_i 再次通过 R_1 向电容 C 充电。如此周而复始，输出电压 u_o 便形成振荡。

图 3-5-2 所示为压控振荡器 u_o 和 u_{o1} 的波形图。

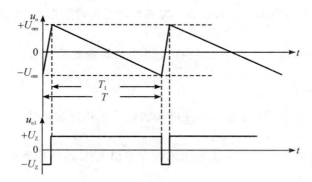

图 3-5-2　压控振荡器波形图

2. 振荡频率与输入电压的关系

由于电容的充电时长和放电时间分别为

$$T_1 = \frac{2R_1R_3C}{R_4} \cdot \frac{U_z}{U_i}, \ T_2 \approx 0$$

又因电路的振荡周期为

$$T = T_1 + T_2 \approx T_1$$

故得电路的振荡频率为

$$f = \frac{1}{T} \approx \frac{1}{T_1} = \frac{R_4}{2R_1R_3C} \cdot \frac{U_i}{U_z}$$

可见振荡频率 f 与输入电压 u_i 成正比。

上述电路实际上就是一个方波、锯齿波发生电路，只不过这里是通过改变输入电压 u_i 来改变输出电压 u_o 的波形频率，从而实现 $u-f$ 转换。

为了使用方便，一些厂家常将压控振荡器做成模块的形式，有的压控振荡器模块输出信号的频率与输入电压幅值的非线性误差小于 0.02%，但振荡频率较低，一般在 $100\,\text{kHz}$ 以下。

四、实验内容与步骤

（1）按图 3-5-1 接线，用示波器监视输出波形的变化。

（2）按表 3-5-1 的内容，根据输入电压 u_i 测量输出电压 u_o 的振荡周期及频率。

（3）用双踪示波器观察并记录 u_o、u_{o1} 的波形。

表 3 - 5 - 1　　压控振荡器输出电压与振荡频率的测量

方式	u_i/V	1	2	3	4	5	6
用示波器测 u_o	T/ms						
	f/Hz						
用频率计测 u_o	f/Hz						

五、实验报告与要求

按照实验目的、实验原理、实验设备、实验内容、实验数据、实验总结撰写实验报告，具体要求如下：

根据实验数据作出电压－频率关系曲线，并分析讨论测试结果。

六、问题思考与练习

（1）简述图 3 - 5 - 1 中电容器 C 的充电和放电的工作原理，以及决定充电时间和放电时间的主要因素有哪些。

（2）为什么改变输入电压 u_i 的大小可以改变输出电压 u_o 的频率？试推导振荡频率与输入电压的函数关系。

（3）如何确定电阻 R_3 和 R_4 的阻值？当要求输出信号幅值为 12 V，输入电压为 3 V，输出电压频率为 3000 Hz 时，试计算 R_3、R_4 的阻值。

实验六　家用电器欠压过压保护电路

一、实验目的

（1）设计一个家用电器欠压过压保护电路，要求如下：

① 工作电压：交流电网电压 220 V。

② 输出功率：300～500 W。

③ 保护功能：电网电压≥245 V 时，断电；电网电压≤180 V 时，断电。

④ 自身功耗：≤1.5 W。

（2）学习并掌握欠压过压保护电路的组装与调试方法。

二、实验设备与器件

本实验所需的设备与器件包括：① 集成稳压器 W7809；② 四运放 LM324；③ 继电器；④ 发光二极管；⑤ 实验台 DZX - 3 型电子学综合实验装置。

实验所用芯片的引脚排列及功能如图 3 - 6 - 1 所示：

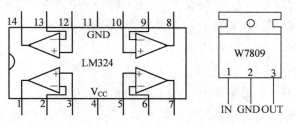

图 3 - 6 - 1　实验用芯片的引脚排列及功能

三、实验原理

家用电器的额定工作电压通常为 220 V，其安全工作电压范围为 175～245 V。当由于各种原因，使得电网电压出现波动，当超过安全工作电压范围时，将会造成家用电器损坏。因此欠压过压保护电路对家用电器很重要。家用电器保护电路的原理图如图 3 - 6 - 2 所示。

电路由采样电路、控制电路、延时启动电路三部分组成。

1. 采样电路

采样电路由变压器 Tr，二极管 VD_1、VD_2，电阻 R_1、R_2、R_3、R_4，电位器 R_{W1}、R_{W2}，集成稳压器 W7809 和电容 C_1、C_2、C_3 组成。

变压器 Tr 副边电压经 VD_2 半波整流、电容 C_1 滤波、W7809 稳压和 R_1、R_2 分压后，使比较器 A_1、A_2、A_3 的同相端得到参考电压 U_A，该电压不随电网电压波动。Tr 原边电压

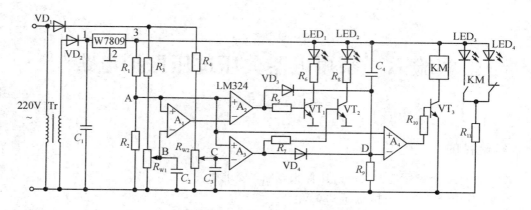

图 3 - 6 - 2　家用电器欠压、过压保护电路原理图

经 VD_1 半波整流、R_3 和 R_{W1} 分压后，使 A_1 反相端得到比较电压 U_B；经 R_4、R_{W2} 分压后，使 A_3 反相端得到比较电压 U_C；A_1 的输出则作为 A_2 反相端输入的比较电压。因而电网电压的波动情况通过采样电路提供给了控制电路。

2. 延时启动电路

延时启动电路由电压比较器 A_4，三极管 VT_3，电阻 R_9、R_{10}，电容 C_4 和继电器 KM 组成。

接通 220 V 电源启动时，稳压器 W7809 的输出通过 C_4 使 $U_D > U_A$，则 A_4 输出低电平，使 VT_3 截止，故 KM 不得电、LED_4 亮，表示家用电器不工作。之后经 R_9、C_4 充电延时，使 U_D 下降，当 $U_D < U_A$ 时，A_4 输出高电平，使 VT_3 饱和导通，故 KM 得电、LED_3 亮，表示家用电器开始工作。电路的延时时间主要取决于充电时间常数 $\tau = R_9 C_4$。

3. 控制电路

控制电路主要由 A_1、A_2、A_3、A_4、VT_1 和 VT_2 组成。

延时启动正常工作后，若电网电压在正常工作范围内，则 $U_C > U_A > U_B$。比较器 A_1 输出高电平、A_2 输出低电平、A_3 输出低电平，使 VT_1、VT_2 截止，故 LED_1、LED_2 都不亮。同时 A_4 输出高电平，使 VT_3 饱和、KM 得电、LED_3 亮，家用电器工作。

如果电网出现过压(可用调压器将电压调到交流 245 V)，则由 A_1、A_2 起保护作用。调节 R_{W1}，对应使 $U_B > U_A$，比较器 A_1 输出低电平、A_2 输出高电平、VT_1 饱和导通、过压指示灯 LED_1 亮。同时，A_2 输出的高电平通过 VD_3 使 A_4 输出低电平，VT_3 截止、KM 失电、指示灯 LED_4 亮，家用电器停止工作。

如果电网出现欠压(可用调压器将电压调到交流 180 V)，则由 A_3 起保护作用。调节 R_{W2}，对应使 $U_C < U_A$，比较器 A_3 输出高电平、VT_2 饱和导通、欠压指示灯 LED_2 亮。同时，A_3 输出的高电平通过 VD_4 使 A_4 输出低电平，VT_3 截止、KM 失电、指示灯 LED_4 亮，家用电器停止工作。

四、实验内容与步骤

(1) 按照实验原理图 3 - 6 - 1 搭接电路。

(2) 根据实验原理分别对采样电路、延时启动电路、控制电路进行调试。

（3）对电路进行整体工作调试，观察延时启动、过压保护、欠压保护是否正常。

通电调试测试过程为：

用调压器将 Tr 原边电压调到 245 V 时，调节 R_{w1}，继电器 KM 动作、LED$_4$ 亮；用调压器将 Tr 原边电压调到 180 V 时，调节 R_{w2}，继电器 KM 动作、LED$_4$ 亮。该过程可通过观察指示灯 LED$_4$ 的亮、灭来完成。

调试完毕后，Tr 原边接通 220 V 电源，继电器 KM 不得电、LED$_4$ 亮。延时后，KM 得电动作，LED$_3$ 亮，表明延时电路正常工作。

再次改变电流电压，首先将电压上调到 245 V 时，应该出现 KM 失电、LED$_1$ 和 LED$_4$ 亮、LED$_3$ 灭；然后将电压下调到 180 V 时，应该出现 KM 失电、LED$_2$ 和 LED$_4$ 亮、LED$_3$ 灭。此番操作测试结果表明控制电路工作正常。

五、实验报告与要求

按照实验目的、实验原理、实验设备、实验内容、实验数据、实验总结撰写实验报告，具体要求如下：

（1）简述家用电器欠压过压保护电路的工作原理。

（2）简述启动电路、控制电路的调试过程及注意事项。

（3）总结实验结果并进行评价。

六、问题思考与练习

（1）查阅家用电器欠压过压保护电路的性能要求及常用电路，说明如何进行欠压、过压保护。

（2）查阅集成稳压器 W7809 和四运放 LM324 的引脚排列、功能及连接方法。

（3）何为双限比较器？思考并分析其工作原理，画出其电压传输特性曲线。

实验七　温度监测及控制电路

一、实验目的

(1) 设计并制作一个温度监测及控制电路，温度控制范围为 16～40℃。

(2) 学习并掌握温度监测及控制电路的组装与调试方法。

二、实验设备与器件

本实验所需的设备与器件包括：① NTC 热敏电阻 10 kΩ；② 四运放 LM324；③ 晶体二极管 1N4004；④ 稳压管 2DW7；⑤ 两种颜色的发光二极管；⑥ 继电器；⑦ 电阻器、电位器、电容器若干。

实验所用芯片的引脚排列及功能如图 3－7－1 所示。

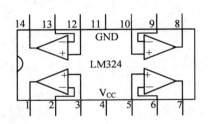

图 3－7－1　LM324 引脚排列及功能

三、实验原理

温度监测及控制电路由温度传感器、放大器、比较器、驱动电路和执行机构组成，如图 3－7－2 所示。温度传感器将温度信号转换成微弱的电压信号，经放大器放大后送给电压比较器与设定温进行比较后，其输出作用于驱动电路，以控制执行机构继电器动作，使进行加热或停止加热，从而达到温度控制的目的。

图 3－7－2　温度监测及控制电路组成框图

温度监测及控制的电路原理图如图 3－7－3 所示，它由测温电桥、三运放数据放大器、滞回比较器和三极管驱动电路组成。

测温电桥由 R_1、R_2、R_T、R_3、R_{W1} 组成。RT 为负温度系数热敏电阻，25℃时，阻值为 10 kΩ。R_{W1} 用于在 25℃时调节电桥的平衡。

在测量电桥中，由于热敏电阻 RT 的阻值会随温度升高而下降，所以电桥 A、B 两点的

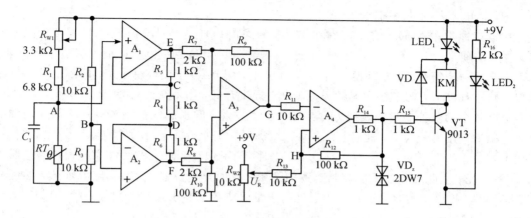

图 3 - 7 - 3　温度监测及控制电路原理图

输出电压 U_{AB} 将随温度的变化而变化，其结果送给三运放信号放大器进行放大。信号放大器中 A_1、A_2 为电压跟随器，输入阻抗高，有利于放大电桥的输出信号。

由图 3 - 7 - 3 可得 $U_{CD}=U_{AB}$，由于 $R_4=R_5=R_6$，所以 $U_{EF}=3U_{CD}=3U_{AB}$。

A_3 为差分比例放大电路，因 $R_7=R_8$，$R_9=R_{10}$，故

$$U_G=\frac{R_9}{R_7}(U_F-U_E)=-\frac{R_9}{R_7}(U_E-U_F)=-\frac{R_9}{R_7}U_{EF}=-\frac{100}{2}3U_{AB}=-150U_{AB}$$

信号放大器将信号放大后，其输出电压 U_G 送给滞回比较器 A_4 的反相输入端，与同相输入端的电压 U_H 进行比较。滞回比较器的输出 U_I 控制三极管驱动电路。调节 R_{W2}，即可改变参考电压 U_R，从而改变控温数值和控温范围。由图 3 - 7 - 3 可得：

$$U_H=\frac{R_{12}}{R_{12}+R_{13}}U_R+\frac{R_{13}}{R_{13}+R_{12}}U_I$$

当检测温度上升时，U_{AB} 为负、U_G 为正。当温度到达上限时，$U_G<U_H$，使 $U_I=-U_z$，A_4 输出低电平，三极管 VT 截止、LED_1 灭。同时继电器释放，从而停止加热。

当检测温度下降时，U_{AB} 为正、U_G 为负。当温度到达下限时，$U_G<U_H$，使 $U_I=U_z$，A_4 输出高电平，三极管 VT 饱和导通、LED_1 亮，同时继电器吸合，从而开始加热。

电路中，LED_1 为温度控制指示灯，LED_2 为电源指示灯。

电路的控温精度取决于回差电压 ΔU 大小。由图 3 - 7 - 2 可得：

滞回比较器的上限阈值电压为

$$U_{TH+}=\frac{R_{13}}{R_{12}+R_{13}}U_R+\frac{R_{13}}{R_{12}+R_{13}}U_z$$

滞回比较器的下限阈值电压为

$$U_{TH-}=\frac{R_{13}}{R_{12}+R_{13}}U_R-\frac{R_{13}}{R_{12}+R_{13}}U_z$$

所以，滞回比较器的回差为

$$\Delta U_T=U_{TH+}-U_{TH-}=\frac{2R_{13}}{R_{12}+R_{13}}U_z$$

四、实验内容与步骤

（1）按照电路原理图 3 - 7 - 3 搭接电路。

（2）通电，进行电路调试。

在电路通电的瞬间，由于延时电容 C_1 的瞬时电压为 0，因而 $U_{AB} < 0$，此时 $U_G = 150U_{AB}$，故使 A_4 负饱和，其输出 $U_I = -U_Z$，经反馈使 $U_H = U_{TH-}$。因此三极管 VT 截止、LED_2 亮。经 C_1 延时后，在常温或者 16 ℃ 环境中，调节 R_{W1}，使电桥平衡，即 $U_{AB} = 0$。然后模拟加热过程使 RT 阻值随着其感温而变化：温度升高，阻值减小；温度降低，阻值增大。

电路整个温度控制过程表现为：当被测温度到达或低于温度控制范围的下限 16 ℃ 时，热敏电阻 RT 达到最大值，此时 U_A 最大、U_G 最小，则 $U_G < U_{TH-}$，放大器 A_4 输出高电平，其输出 $U_I = +U_Z$，经反馈使 $U_H = U_{TH+}$。此时 A_4 正饱和，使三极管 VT 导通、继电器吸合、LED_1 亮，表明已到达温度控制范围的下限，故而开始加热。之后，随着加热，温度升高，RT 则减小，U_A 也随之减小。当温度高于常温或者按要求达到上限设定值 40 ℃ 时，调节 R_{W2}，使 $U_G > U_{TH+}$，则放大器 A_4 输出低电平，$U_I = -U_Z$，从而使三极管 VT 截止、继电器释放、LED_1 灭，表明已达到温度控制范围的上限，故而停止加热。

可见本电路通过 LED_1 灭、亮的时刻点，表明了达到控温范围的上、下限的时间。在实验过程中，应通过电路的模拟调试认真观察这一现象。

五、实验报告与要求

按照实验目的、实验原理、实验设备、实验内容、实验数据、实验总结撰写实验报告，具体要求如下：

（1）根据电路原理图简述温度监测及控制电路的工作原理。

（2）简述温控电路的调试方法及调试要点。

（3）说明温度控制范围的设定方法。

（4）对实验结果进行评价。

六、问题思考与练习

（1）根据温度监测及控制电路的结构，分析其各组成部分的工作原理。

（2）查阅四运放 LM324 的引脚排列及连接方法，以及使用时的注意事项。

（3）若要实现温度数值显示，是否可将图 3-7-2 的 G 点电压送给 A/D 转换器，再驱动数字显示电路？

实验八　多人智力竞赛抢答器

一、实验目的

（1）学习用 D 触发器和门电路构成多人智力竞赛抢答器。

（2）熟悉多人智力竞赛抢答器的工作原理及测试方法。

（3）学习简单数字系统的实验调试方法及故障排除方法。

二、实验设备与器件

本实验所需的设备与器件包括：① ＋5 V 直流电源；② 逻辑电平开关；③ 逻辑电平显示器；④ 芯片 74LS175×1、74LS20×2。

实验采用芯片的引脚排列及功能如图 3－8－1 所示。

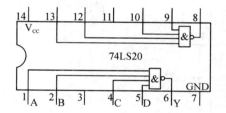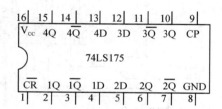

图 3－8－1　芯片引脚排列及功能

（1）74LS20 为二－4 输入与非门，内部有两个独立的 4 输入与非门。

（2）74LS175 为 4D 触发器，也称为 4D 锁存器，内部有 4 个独立的 D 触发器，采用互补输出方式，CP 脉冲上升沿触发。其逻辑功能如表 3－8－1 所示。

表 3－8－1　74LS175 功能表

输　　入			输　　出				功能说明
$\overline{CR}$	CP	$D_0\ D_1\ D_2\ D_3$	Q_0^{n+1}	Q_1^{n+1}	Q_2^{n+1}	Q_3^{n+1}	
0	×	× × × ×	0	0	0	0	异步清零
1	↑	$d_0\ d_1\ d_2\ d_3$	d_0	d_1	d_2	d_3	同步送数
1	0 1 ↓	× × × ×	Q_0^n	Q_1^n	Q_2^n	Q_3^n	保　持

$\overline{CR}$为异步清零端，低电平有效。当$\overline{CR}=0$时，无论触发器原来是什么状态，立即通过异步清零端将 4 个边沿 D 触发器复位到 0 状态。当$\overline{CR}=1$时，在时钟脉冲 CP 上升沿到来时实现送数功能，使 $Q_0^{n+1}Q_1^{n+1}Q_2^{n+1}Q_3^{n+1}=d_0d_1d_2d_3$。其他时刻输出状态保持不变。

三、实验原理

图 3-8-2 为供四人用的智力竞赛抢答装置实验线路原理图，用以判断抢答优先权。电路采用 4D 触发器 74LS175，它具有公共清零端和公共 CP 端。

1 kHz 脉冲源由多谐振荡器产生。抢答开始时，由主持人清除信号，按下复位开关 S_0，74LS175 的输出 $Q_1 \sim Q_4$ 全为 0，故使所有发光二极管 LED 熄灭。当主持人断开 S_0 宣布"抢答开始"后，首先作出判断的参赛者立即按下抢答开关，即使 74LS175 相应的 D 输入端为高电平 1，则在 CP 脉冲的上升沿接收 D 端的高电平信号，从而使对应的发光二极管点亮，同时，其 $\overline{Q}$ 端通过与非门 74LS20 送出信号"1"而封锁了 CP 脉冲，使电路不再接收其他信号，直到主持人再次清除信号为止。

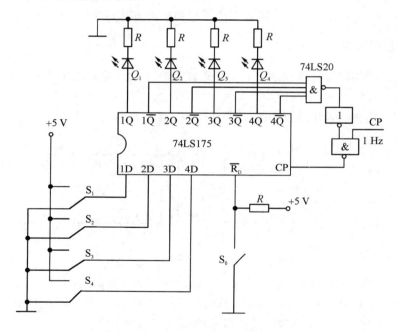

图 3-8-2　智力竞赛抢答电路原理图

四、实验内容与步骤

（1）测试 74LS175、74LS20 的逻辑功能。

将芯片的输入接逻辑电平开关，输出接逻辑电平显示器，接入 +5 V 电源。4D 触发器 74LS175 按照表 3-8-1 进行功能测试，CP 脉冲接单次脉冲源，注意观察触发时刻。74LS20 按照"有 0 出 1，全 1 出 0"进行逻辑功能的验证。

（2）按图 3-8-2 接线，抢答器五个开关采用实验装置上的逻辑开关，74LS75 的输出接发光二极管逻辑电平显示器。

（3）测试抢答器电路的逻辑功能。

接通 +5 V 电源，CP 端接实验装置上的连续脉冲源，将频率调为 1 Hz。

抢答开始前，开关 S_1、S_2、S_3、S_4 均置"0"；准备抢答时，将开关 S_0 置"0"，发光二极管全部熄灭。

再将 S_0 置"1"，抢答开始。

将 S_1、S_2、S_3、S_4 中某一开关置"1"，观察发光二极管的亮、灭情况，然后再将其他三个开关中任意一个置"1"，观察发光二极的亮、灭是否改变。

（4）改变 CP 脉冲频率（1 Hz～1 kHz），注意观察在模拟抢答过程中电路的输出驱动 LED 变化的速度是否发生了变化，其变化跟 CP 脉冲的频率有何关系。

（5）进行整体电路的功能测试。

注意：在实验过程中，为了观察 CP 脉冲的触发时刻，可以首先采用单次正脉冲源进行抢答功能的测试，然后再将 CP 端接到 1 Hz 连续脉冲源进行测试。

五、实验报告与要求

按照实验目的、实验原理、实验设备、实验内容、实验数据、实验总结撰写实验报告，具体要求如下：

（1）分析智力竞赛抢答装置各部分的功能及工作原理。

（2）说明 4 人智力竞赛抢答电路的调试及测试方法。

（3）分析实验中出现的故障及解决办法。

六、问题思考与练习

（1）由 74LS175 构成的 4 位智力竞赛抢答器应如何实现抢答功能？

（2）若在图 3-8-2 电路中加一个计时功能，要求计时电路显示时间精确到秒，最多限制为 2 min，一旦超出限时，则取消抢答权，请思考电路应作如何改进？

（3）设计一个 1 Hz 的 CP 脉冲源电路，方案可根据所学理论知识自行拟定。

（4）设计一个 8 人智力竞赛抢答电路，并画出逻辑电路图。

实验九 电子秒表

一、实验目的

(1) 学习基本 RS 触发器、时钟发生器及计数、译码显示等单元电路的综合应用。

(2) 学习电子秒表的调试方法。

二、实验设备与器件

本实验所需的设备与器件包括：① +5 V 直流电源；② 连续脉冲源；③ 数字频率计；④ 逻辑电平开关；⑤ 逻辑电平显示器；⑥ 译码显示器；⑦ 芯片 74LS00、74LS290、NE555。

实验采用芯片的引脚排列及功能如图 3-9-1 所示。

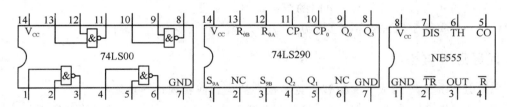

图 3-9-1 芯片引脚排列及功能

74LS00 及 NE555 在其他的实验中已经介绍过了，下面主要介绍 74LS290。

74LS290 是异步二-五-十进制加法计数器，它由一个一位二进制加法计数器和一个五进制加法计数器组成，级联后可以实现十进制加法计数，其功能表如表 3-9-1 所示。

表 3-9-1 74LS290 功能表

输　入				输　出				功　能
$R_{0A} \cdot R_{0B}$	$S_{9A} \cdot S_{9B}$	CP_0	CP_1	Q_3^{n+1}	Q_2^{n+1}	Q_1^{n+1}	Q_0^{n+1}	
1	0	×	×	0	0	0	0	异步置 0
×	1	×	×	1	0	0	1	异步置 9
0	0	↓	1	—	—	—	Q_0	二进制计数
		1	↓	Q_3	Q_2	Q_1	—	五进制计数
		↓	Q_0	Q_3	Q_2	Q_1	Q_0	8421 码十进制计数
		1	1	不变				保持

可见，通过不同的连接方式，74LS290 既可以作为五进制计数器使用(计数状态为 000～100)；又可以作为十进制计数器使用。通过表 3-9-1 所示的连接，可以实现按照 8421 码进行循环的十进制计数功能，计数状态为 0000～1001。

借助置 0 端 R_{0A} 和 R_{0B}、置 9 端 S_{9A} 和 S_{9B}，可以实现对计数器的置 0 或置 9。

三、实验原理

图 3-9-2 为电子秒表的电路原理图，它由三个单元电路组成。

1. 基本 RS 触发器

图 3-9-2 中单元 I 为用集成与非门构成的两个基本 RS 触发器，可用低电平直接触发，有直接置位、复位的功能。与非门 1 和 2 构成具有清零、启动功能的基本 RS 触发器。与非门 3 和 4 构成具有停止功能的基本 RS 触发器。其中，与非门 1 的输出 Q_1 作为计数器的清零信号，与非门 2 的输出 $\overline{Q}_1$ 作为与非门 5 的输入控制信号。与非门 3 的输出 Q_2 作为与非门 6 的输入控制信号。

按动清零按钮 SB_1（即接地），则门 1 输出 $Q_1=1$，使计数器清零；门 2 输出 $\overline{Q}_1=0$，封锁门 5，使其输出为高电平 1，又因门 3 输出 $Q_2=1$，故使门 6"全 1 出 0"，所以计数器保持清零状态不变。S_1 复位后，因 RS 触发器状态保持不变，故计数器继续保持清零状态不变。

按动启动（计数）按钮 SB_2，则 $Q_1=0$、$\overline{Q}_1=1$、$Q_2=1$。$Q_1=0$ 使计数器处于计数状态，$\overline{Q}=1$ 使 5 打开，$Q_2=1$ 使门 6 打开，从而使得 555 振荡器产生的时钟脉冲信号 CP 经 5 门、6 门输出给计数器，使计数器启动计数工作。

按动停止按钮 SB_3，则 $Q_2=0$，故门 6 封锁，其输出为高电平 1，即使 74LS290(1) 输入的脉冲 $CP_0=CP=1$，所以计数器保持输出状态不变，秒表停止工作。

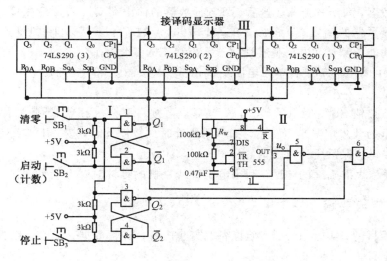

图 3-9-2　电子秒表电路原理图

2. 时钟发生器

图 3-9-2 中单元 II 为用 555 定时器构成的多谐振荡器，加电时，其输出端便可获得一定频率的矩形波信号。调节电位器 R_W 即可改变振荡器输出矩形波 u_o 的振荡频率，本电路调整为 100 Hz。

555 多谐振荡器是为计数器提供计数时钟脉冲 CP 信号的。其输出 u_o 受到门 5、门 6 的控制。当基本 RS 触发器的输出 $\overline{Q}=1$、$Q_2=1$ 时，门 5、门 6 打开，u_o 即可通过两级控制与非门送达计数器的 CP 脉冲输入端，使计数器开始工作。

3. 计数及译码显示

二-五-十进制加法计数器 74LS290 构成电子秒表的计数单元，如图 3-9-2 中单元Ⅲ所示。通过三片计数器级联，构成了三位 8421 码十进制加法计数器，对输出的频率为 100 Hz 的时钟 CP 脉冲进行计数。计数器输出端与实验装置上译码显示单元的相应输入端连接，即可显示 0.01～9.99 秒的计时结果。

四、实验内容与步骤

由于实验电路中使用的器件较多，实验前必须合理安排各器件在实验装置上的位置，使电路逻辑清楚，接线较短。

实验时，应按照实验任务的次序，将各单元电路逐个进行接线和调试，即分别测试基本 RS 触发器、时钟发生器及计数器的逻辑功能，待各单元电路工作正常后，再将有关电路逐级连接起来进行测试，直到完成整个电子秒表电路的功能测试。具体测试项目如下：

(1) 单元电路Ⅰ：基本 RS 触发器的测试。通过按钮 SB$_1$、SB$_2$、SB$_3$ 测试其触发功能是否正常。

(2) 单元电路Ⅱ：时钟发生器的调试。用示波器观察并测量其输出电压 u_o 波形的频率，调节 R_w，使输出矩形波的频率为 100 Hz。

(3) 单元电路Ⅲ：计数器的测试。按照图 3-9-2，先将 74LS290(1)、(2)、(3)各自接成十进制计数器，再级连起来。然后，将各计数器的输出端 Q_3、Q_2、Q_1、Q_0 分别接到实验装置的译码显示器的输入端。最后，在 74LS290(1)的 CP$_0$ 端接入 100 Hz 连续脉冲源，进行计数逻辑功能的测试，注意观察计数器输出状态的变化。

(4) 电路的整体测试。各单元电路测试正常后，按图 3-9-2 把几个单元电路连接起来进行整体测试。

先按一下按钮 SB$_1$，对电子秒表进行清零，再按一下按钮 SB$_2$，计数器便开始计时，观察数码管显示的计数情况是否正常。如不需要计时或暂停计时，按一下按钮 SB$_3$，计时将立刻停止，但数码管保留所计时之值。

(5) 电子秒表准确度的测试。利用电子钟或手机的秒计时对电子秒表进行校准。

五、实验报告与要求

按照实验目的、实验原理、实验设备、实验内容、实验数据、实验总结撰写实验报告，具体要求如下：

(1) 简述电子秒表原理图中各部分的作用与功能并分析电路的工作原理。

(2) 总结电子秒表的调试方法与调试过程。

(3) 分析说明调试中发现的问题及故障排除方法。

六、问题思考与练习

(1) 简述由 RS 触发器、时钟发生器、计数器构成电子秒表的思路及方法。

(2) 依据电子秒表的电路原理图，思考电子秒表是如何实现秒计数的？

(3) 简述在实验中应如何调试电子秒表？

实验十　交通灯控制电路

一、实验目的

（1）学习触发器、计数器、数据选择器、译码器等单元电路的综合运用。
（2）理解交通灯控制电路的工作原理及工作过程。
（3）掌握交通灯控制电路的实验、调试及故障排除方法。

二、实验设备与器件

本实验所需的设备与器件包括：① ＋5 V 直流电源；② 连续脉冲源；③ 数字频率计；④ 逻辑电平开关；⑤ 逻辑电平显示器；⑥ 译码显示器；⑦ 芯片 74LS168、74LS74、74LS170、74LS139、74LS00、74LS08、74LS32、NE555。

实验采用芯片的引脚排列及功能如图 3－10－1 所示。

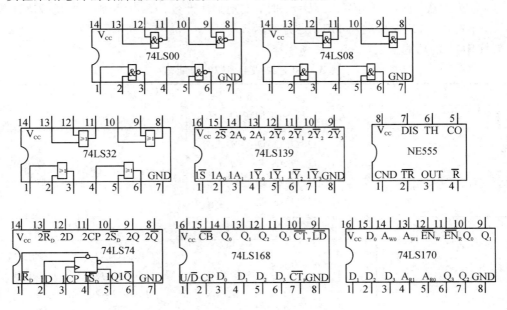

图 3－10－1　芯片引脚排列及功能

74LS00 为四－2 输入与非门；74LS08 为四－2 输入与门；74LS32 为四－2 输入或门；74LS74 为双 D 触发器（上升沿触发）；74LS139 为双 2 线－4 线译码器；74LS168 为单时钟十进制同步可逆计数器；74LS170 为 4×4 寄存器阵列。

这里主要介绍 74LS168 和 74LS170 的功能。

74LS168 的功能如表 3－10－1 所示。

表 3 - 10 - 1　74LS168 功能表

输　入									输　出				说　明
$\overline{LD}$	$\overline{CT}_T$	$\overline{CT}_P$	$U/\overline{D}$	CP	D_3	D_2	D_1	D_0	Q_3^{n+1}	Q_2^{n+1}	Q_1^{n+1}	Q_0^{n+1}	
0	×	×	×	↑	d_3	d_2	d_1	d_0	d_3	d_2	d_1	d_0	同步置数
1	0	0	1	↑	×	×	×	×	加法计数				同步加
1	0	0	0	↑	×	×	×	×	减法计数				同步减
1	0	1	×	×	×	×	×	×	Q_3^n	Q_2^n	Q_1^n	Q_0^n	保持
1	1	0	×	×	×	×	×	×	Q_3^n	Q_2^n	Q_1^n	Q_0^n	保持

CP 是计数脉冲输入端，计数状态的更新在 CP 脉冲的上升沿。

D_3、D_2、D_1、D_0 是并行数据输入端。

Q_0、Q_1、Q_2、Q_3 是计数状态输出端。

$\overline{LD}$是同步置数端，低电平有效。$\overline{LD}=0$ 时，在 CP 脉冲的上升沿时实现置数，即 $Q_3^{n+1}Q_2^{n+1}Q_1^{n+1}Q_0^{n+1}=d_3d_2d_1d_0$。

$\overline{CT}_T$、$\overline{CT}_P$ 是工作状态控制端，低电平有效。当计数器处于计数工作状态时，二者只要有一个为低电平，计数器则保持输出状态不变。

$U/\overline{D}$ 为加法、减法控制端。$U/\overline{D}=1$ 时，实现加法计数；$U/\overline{D}=0$ 时，实现减法计数。

$\overline{CB}$是进位/借位输出端，可用于芯片级联。

74LS170 的功能如表 3 - 10 - 2 所示。

表 3 - 10 - 2　74LS170 功能表

输　入				内部字 $d_0 \sim d_3$ 加在 $D_0 \sim D_3$	输　出				注
$\overline{EN}_W$	$A_{W1}A_{W0}$	$\overline{EN}_R$	$A_{R1}A_{R0}$		Q_3^{n+1}	Q_2^{n+1}	Q_1^{n+1}	Q_0^{n+1}	
0	0　0			$Q_{00}Q_{01}Q_{02}Q_{03}=d_3d_2d_1d_0$					写入 W_0
	0　1		—	$Q_{10}Q_{11}Q_{12}Q_{13}=d_3d_2d_1d_0$		—			写入 W_1
	1　0			$Q_{20}Q_{21}Q_{22}Q_{23}=d_3d_2d_1d_0$					写入 W_2
	1　1			$Q_{30}Q_{31}Q_{32}Q_{33}=d_3d_2d_1d_0$					写入 W_3
1	×　×			保持					禁止写
0或1		0	0　0		$Q_{00}Q_{01}Q_{02}Q_{03}$				读出 W_0
			0　1	—	$Q_{10}Q_{11}Q_{12}Q_{13}$				读出 W_1
			1　0		$Q_{20}Q_{21}Q_{22}Q_{23}$				读出 W_2
			1　1		$Q_{30}Q_{31}Q_{32}Q_{33}$				读出 W_3
		1	×　×		1	1	1	1	禁止读

74LS170 内部有 4×4 共 16 个 D 锁存器，构成一个存储矩阵，其内部可存储 4 个字，每个字 4 位。

$\overline{EN}_W$ 为写入控制端(低电平有效)，A_{W1}、A_{W0} 为写入地址码。当 $\overline{EN}_W=0$ 时，电路将依据写入地址码将输入端数据写入相应的存储单元。

$\overline{\text{EN}}_R$ 为读出控制端(低电平有效)，A_{R1}、A_{R0} 为读出地址码。当 $\overline{\text{EN}}_R = 0$ 时，电路将依据读出地址码将相应的存储单元的数据输出到输出端。

由于写入控制端 $\overline{\text{EN}}_W$ 和读出控制端 $\overline{\text{EN}}_R$ 是各自独立的控制端，所以 74LS170 允许同时进行写入操作和读出操作。

三、实验原理

交通灯控制电路的工作过程如下：

交叉路口红灯表示禁止通行，绿灯表示允许通行，黄灯表示从绿灯灭到红灯亮的过渡。设主干道绿灯亮 40 s，黄灯亮 4 s；支干道绿灯亮 30 s，黄灯亮 4 s。时序波形图如图 3 - 10 - 2 所示。

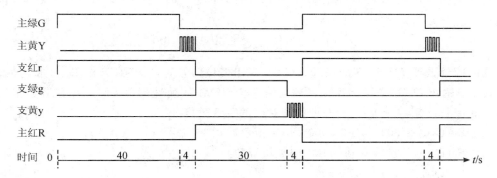

图 3 - 10 - 2　交通灯控制电路时序波形图

整个电路循环工作，时钟信号 CP 的频率为 1 Hz，计数器在 CP 作用下完成计时工作，并向主控电路发出定时信号，控制各干道的通行时间。译码驱动电路对主控电路的状态按设计要求进行组合译码后，即输出驱动信号，去控制信号灯的工作状态。主干道红灯亮的时间是支干道绿灯亮与黄灯亮的时间和，支干道红灯亮的时间是主干道绿灯亮与黄灯亮的时间和。由图 3 - 10 - 2 可以看到，主干道红灯亮 34 s，支干道红灯亮 44 s。

电路有四种工作状态：主干道绿灯，主干道黄灯，支干道绿灯，支干道黄灯。而主干道红灯和支干道红灯是由以上四种状态组合决定的。

图 3 - 10 - 3 是其状态转换图，图 3 - 10 - 4 是其工作原理框图。

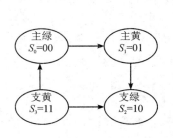

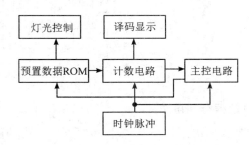

图 3 - 10 - 3　状态转换图　　　　　图 3 - 10 - 4　工作原理框图

交通灯控制电路的工作原理如下：

接通电源后，主控电路状态为 S_0，在 CP 作用下，计数器置入数据"40"，主干道绿灯亮，同时 40 s 倒计时开始。当减法计数到 0 时，利用其借位信号，将主控电路状态变为 S_1。接着在 CP 作用下，计数器再次置入数据"4"，主干道黄灯亮，同时 4 s 倒计时开始。当减法计数到 0 时，利用其借位信号，再将主控电路状态变为 S_2，这期间，支干道红灯亮。

主控电路状态为 S_2 时，在 CP 作用下，计数器第三次置入数据"30"，则支干道绿灯亮，同时 30 s 倒计时开始。当减法计数到 0 时，利用其借位信号，再将主控电路状态变为 S_3。在 CP 作用下，计数器第四次置入数据"4"，支干道黄灯亮，同时 4 s 倒计时开始。当减法计数到 0 时，利用其借位信号，再将主控电路状态变为 S_0，这期间，主干道红灯亮。

以上过程循环往复地进行，从而形成了对交通灯的有序控制。

1. 主控电路

主控电路是由双 D 触发器 74LS74 构成的四进制计数器，在 CP 作用下，状态转换图如下：

$$S_0(00) \rightarrow S_1(01) \rightarrow S_2(10) \rightarrow S_3(11)$$

当时间计数器 74LS168 减法计数到 0、发出借位信号时，通过 CP 作用，主控电路发生状态转换。输出 Q_1Q_0 送至储存预置数据的 8 位 ROM 的地址端，从而选择预置数据（各干道通行时间长度）。主控电路的四种状态对应的预置数据如下：

$S_0(Q_1Q_0 = 00)$：0100 0000（40 s 预置数）

$S_1(Q_1Q_0 = 01)$：0000 0100（4 s 预置数）

$S_2(Q_1Q_0 = 10)$：0011 0000（30 s 预置数）

$S_3(Q_1Q_0 = 11)$：0000 0100（4 s 预置数）

主控电路如图 3-10-5 所示，图中 SB 为清零按钮。

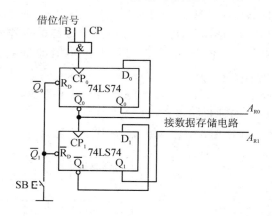

图 3-10-5　主控电路图

2. 数据存储电路

数据存储电路如图 3-10-6 所示，其内部能够存储四个 8 位数据，每个数据的高 4 位为时间的十位数，低 4 位为时间的个位数。主控电路的四种状态对应的预置数据预先已经写入两片 74LS170 中。当读出地址端 $A_{R1}A_{R0}$ 分别为 00、01、10、11 时，数据存储电路将各干道通行时间长度对应的存储数据送给计数电路。

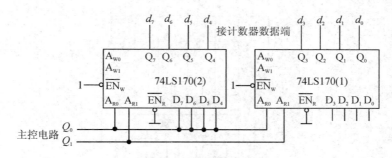

图 3-10-6 数据存储电路

3. 计数电路

计数电路采用两片可预置 BCD 码的十进制单时钟同步可逆计数器 74LS168 级联,并接成减法计数方式,如图 3-10-7 所示。计数电路的预置数据来自数据存储电路。在 CP 作用下,当从预置数据减法计数到 0 时,两片计数器都发出借位信号,使得控制主控电路状态改变。

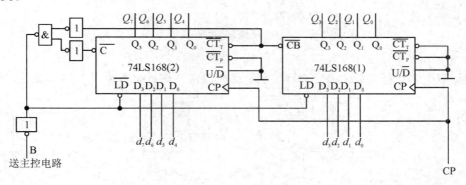

图 3-10-7 计数电路

4. 灯光控制电路

灯光控制电路如图 3-10-8 所示。

主控电路的输出 $Q_1 Q_0$ 作为 2 线-4 线译码器 74LS139 的地址输入,$Q_1 Q_0$ 的状态决定了译码器的输出,而译码器的输出状态经过组合门控电路去控制由发光二极管 LED 模拟的交通信号灯,接入的 CP 脉冲用来模拟黄灯的闪烁。

当译码器输入 $A_1 A_0 = Q_1 Q_0 = 00 \sim 11$ 时,其输出 $\overline{Y}_0 \sim \overline{Y}_3$ 分别为 0,然后通过门控电路去控制 LED 的通断(即亮灭)。

$A_1 A_0 = 00$ 时,$\overline{Y}_0 \overline{Y}_1 \overline{Y}_2 \overline{Y}_3 = 0111$,四个非门的输出为 1000,从而使得主干道绿灯 G 亮,支干道红灯 r 亮;$A_1 A_0 = 01$ 时,$\overline{Y}_0 \overline{Y}_1 \overline{Y}_2 \overline{Y}_3 = 1011$,四个非门的输出为 0100,从而使得主干道绿灯 G 灭、黄灯 Y 闪烁,支干道红灯 r 仍亮;$A_1 A_0 = 10$ 时,$\overline{Y}_0 \overline{Y}_1 \overline{Y}_2 \overline{Y}_3 = 1101$,四个非门的输出为 0010,从而使得主干道黄灯 Y 灭、红灯 R 亮,支干道红灯 r 灭、绿灯 g 亮;$A_1 A_0 = 11$ 时,$\overline{Y}_0 \overline{Y}_1 \overline{Y}_2 \overline{Y}_3 = 1110$,四个非门的输出为 0001,从而使得主干道红灯 R 仍亮,支干道绿灯 g 灭、黄灯 y 闪烁。

在主控电路的作用下,灯光控制电路的工作如上循环往复进行。

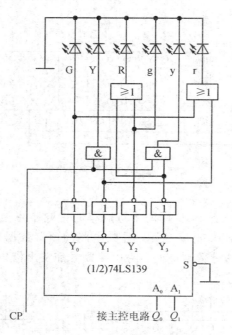

图 3 - 10 - 8　灯光控制电路

根据以上实验原理，画出交通灯控制总体实验电路图，如图 3 - 10 - 9 所示。

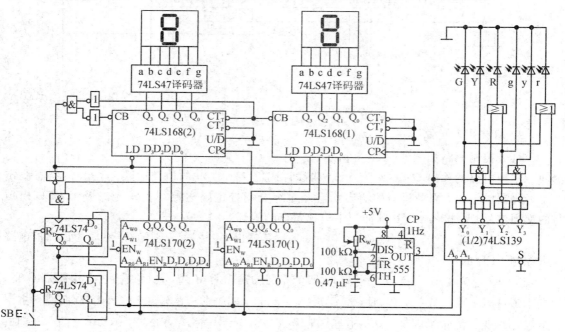

图 3 - 10 - 9　交通灯控制实验电路原理图

四、实验内容与步骤

由于实验电路中使用器件较多，实验前必须合理安排各集成器件在实验装置上的位置，使电路逻辑清楚、接线较短。

实验时，将各单元电路逐个进行接线和调试，待各单元电路正常工作后，再将有关电路逐级连接起来进行测试。这样的测试方法有利于检查和排除故障，保证实验顺利进行。

1. 单元电路的功能测试

（1）主控电路的测试。

按照图 3-10-5 接线，借位信号 B 端接逻辑开关并置 1，CP 端接 1 Hz 连续脉冲，Q_1、Q_0 接逻辑电平显示输入接口。首先按下开关 SB，使计数器清零；然后松开 SB，观察电路输出 Q_1Q_0 的变化是否为 00、01、10、11。否则检查电路连接情况及芯片好坏。

（2）数据存储电路的测试。

按照图 3-10-6 接线。

首先预置数：由表 3-10-2，将两片 74LS170 的 $\overline{EN}_W$ 端置为低电平 0，即允许写入操作。A_{W1}、A_{W0} 接逻辑电平开关。当 $A_{W1}A_{W0}=00$ 时，预置数为 40（s），即 $Q_7Q_6Q_5Q_4Q_3Q_2Q_1Q_0=D_7D_6D_5D_4D_3D_2D_1D_0=(01000000)_{8421码}=(40)_{10}$；当 $A_{W1}A_{W0}=01$ 时，预置数为 4（s），即 $Q_7Q_6Q_5Q_4Q_3Q_2Q_1Q_0=D_7D_6D_5D_4D_3D_2D_1D_0=(00000100)_{8421码}=(04)_{10}$；当 $A_{W1}A_{W0}=10$ 时，预置数为 30（s），即 $Q_7Q_6Q_5Q_4Q_3Q_2Q_1Q_0=D_7D_6D_5D_4D_3D_2D_1D_0=(00110000)_{8421码}=(30)_{10}$；当 $A_{W1}A_{W0}=11$ 时，预置数为 4（s），即 $Q_7Q_6Q_5Q_4Q_3Q_2Q_1Q_0=D_7D_6D_5D_4D_3D_2D_1D_0=(00000100)_{8421码}=(04)_{10}$。

在如上预置数的要求下，分别将 74LS170(1)、74LS170(2) 的并行数据输入端 D_7、D_6、D_5、D_4、D_3、D_2、D_1、D_0 的数据一一进行预置。同样的方法可以任意设置预置数，从而改变交通灯的控制时间。

其次进行数据存储电路的读出功能测试。将两片 74LS170 的 $\overline{EN}_R$ 端为低电平 0，即允许读出操作。A_{R1}、A_{R0} 接逻辑电平开关。当 $A_{R1}A_{R0}=00$ 时，$Q_7Q_6Q_5Q_4Q_3Q_2Q_1Q_0=01000000$；当 $A_{R1}A_{R0}=01$ 时，$Q_7Q_6Q_5Q_4Q_3Q_2Q_1Q_0=00000100$；当 $A_{R1}A_{R0}=10$ 时，$Q_7Q_6Q_5Q_4Q_3Q_2Q_1Q_0=00110000$；当 $A_{R1}A_{R0}=11$ 时，$Q_7Q_6Q_5Q_4Q_3Q_2Q_1Q_0=00000100$。

观测数据存储电路的预置数功能和读出功能是否正常。

（3）计数电路的测试。

按照图 3-10-7 接线。$\overline{CT}_T$、$\overline{CT}_P$、U/$\overline{D}$ 通过逻辑开关接低电平 0，使计数器 74LS168 工作于减法计数状态。CP 端接 1 Hz 连续脉冲信号，Q_7、Q_6、Q_5、Q_4、Q_3、Q_2、Q_1、Q_0 分别接至八个逻辑电平输入插口，送主控电路的非门输出端 B 也接逻辑电平输入插口。

当 $d_7d_6d_5d_4d_3d_2d_1d_0=01000000$ 时，计数电路在 CP 脉冲的作用下，将从 01000000 减至 00000000，完成一个计数周期，计数器 74LS168 的借位输出 $\overline{CB}=0$，从而使得送至主控电路的非门输出 B 为高电平 1。此信号即为主控电路的借位信号 B，当它为高电平时，将使得主控电路的计数脉冲 CP 得以通过控制门"与门"，计数器加 1，输出 Q_1Q_0 从 00 变为 01。

当 $d_7d_6d_5d_4d_3d_2d_1d_0=00000100$ 时，计数电路在 CP 脉冲的作用下，将从 00000100 减至 00000000，产生借位输出 $\overline{CB}=0$，故使送至主控电路的非门输出 B 为高电平 1，它将使主

控电路的计数输出 Q_1Q_0 从 01 变为 10。

当 $d_7d_6d_5d_4d_3d_2d_1d_0$＝00110000 时，计数电路在 CP 脉冲的作用下，将从 00110000 减至 00000000，产生借位输出 $\overline{CB}$＝0，故使送至主控电路的非门输出 B 为高电平 1，它将使主控电路的计数输出 Q_1Q_0 从 10 变为 11。

当 $d_7d_6d_5d_4d_3d_2d_1d_0$＝00000100 时，计数电路在 CP 脉冲的作用下，将从 00000100 减至 00000000，产生借位输出 $\overline{CB}$＝0，故使送主控电路的非门输出 B 为高电平 1，它将使主控电路的计数输出 Q_1Q_0 从 11 变为 00。

根据以上情况，仔细观察计数电路输出 $Q_7Q_6Q_5Q_4Q_3Q_2Q_1Q_0$ 所驱动的各指示灯 LED 的亮灭状态，以及送至主控电路的非门输出 B 所驱动的指示灯 LED 的亮灭状态。

（4）灯光控制电路的测试。

按照图 3－10－8 接线。使能端 S 接低电平 0，地址输入端 A_1、A_0 接逻辑电平开关，CP 接 1 Hz 连续脉冲。观察 A_1A_0 分别为 00、01、10、11 时，各个 LED 的亮灭情况。

2. 整体电路的功能测试

按照图 3－10－9 将各个单元电路连接起来。按下清零键 SB，使主控电路清零，松开 SB，主控电路则保持 00 状态不变。此状态送至灯光控制电路，使得绿灯 G 亮、红灯 r 亮；同时送至数据存储电路，使其进行读操作，输出数据为预置的 01000000；此数据又作为减法计数电路的置数输入，即 $D_7D_6D_5D_4D_3D_2D_1D_0$＝$Q_7Q_6Q_5Q_4Q_3Q_2Q_1Q_0$＝01000000，因而计数器将从 01000000 减至 00000000。计数电路的状态变化通过译码显示电路进行十进制的 8421 码显示。当本次计数周期完成时，计数电路将给主控电路送去一个高电平门控信号，使 CP 得以通过与门，主控计数电路加 1，输出状态变为 01，各单元电路进入下一阶段工作。每完成一个计数周期，各单元电路将按照预设数据重新进行工作。各个 LED 指示灯的点亮将按照图 3－10－2 进行，点亮时间则由数码管直观模拟显示出来。

改变数据存储电路的预置数据即可以改变各干道交通灯的点亮时间。

五、实验报告与要求

按照实验目的、实验原理、实验设备、实验内容、实验数据、实验总结撰写实验报告，具体要求如下：

（1）简述计数电路、译码电路、显示电路的工作原理。

（2）简述 555 定时器振荡电路的工作原理及频率调试方法。

（3）总结交通灯控制电路各单元电路及整体电路的调试方法及调试过程。

（4）分析调试中发现的问题及故障排除方法。

六、问题思考与练习

（1）查阅实验中所用各种芯片的功能及使用方法。

（2）简述利用数字集成电路实现交通灯控制的思路及方案。

（3）分析主控电路、数据存储电路、计数电路、灯光控制电路的工作原理。

（4）试问交通灯控制电路是如何实现十字路口的时间交叉控制的？

（5）若控制电路失电后再得电，存储数据会丢失吗？为什么？

附　　录

附录Ⅰ　DZX－3型电子综合实验装置介绍

DZX－3型电子综合实验装置是根据我国目前"模拟电子技术"和"数字电子技术"课程实验教学大纲的要求，设计并得以广泛使用的开放性实验装置。该装置既能满足课程基础实验要求，又能用于扩展新实验，同时还可进行科研开发等工作。

1. 实验屏面板介绍

实验屏面板布局如图F1－1所示，左边为数字电路实验面板，右边为模拟电路实验面板。

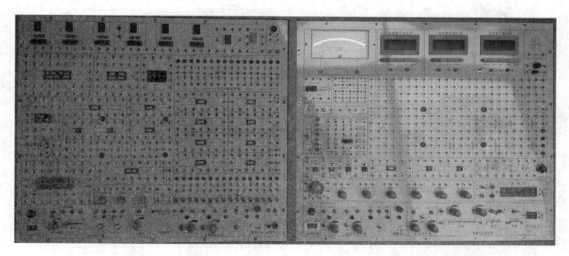

数字电路实验面板　　　　　　　　　　　　模拟电路实验面板

图 F1－1　DZX－3型电子综合实验装置实验屏面板布局图

1）数字电路实验面板简介

数字电路实验面板如图F1－2所示，主要由十二个单元组成。

（1）电源开关：用于接通或断开数字实验电路面板的总电源。

（2）脉冲信号源：有1 Hz/1 kHz/20 kHz三挡脉冲源、单次脉冲源和0.5 Hz～300 kHz的连续脉冲源。

（3）逻辑笔：能够显示五种逻辑状态，用锁紧线从"信号输入口"接出，锁紧线的另一端作为逻辑笔测试某个点，面板上的四个指示灯即可显示出该点的逻辑状态：高电平、低电平、中间电平或高阻态；若四个指示灯同时点亮，则表示该点"有脉冲信号输出"。

（4）直流稳压电源：提供两组 0～18 V 连续可调的直流电源和一组±5 V 的直流电源。

（5）报警指示：有短路报警指示和正常工作声光报警指示。

（6）十六位逻辑电平输出：一共有 16 组钮子开关，向上扳为高电平"1"，LED 发光二极管亮；向下扳为低电平"0"，LED 发光二极管灭。

通过插入的锁紧线向逻辑电路提供逻辑高电平"1"输入或逻辑低电平"0"输入。

（7）数字芯片插接线区：正面装有相关元器件、集成电路芯片插座（8P、14P、16P、20P、24P、24P、28P）、接线插座，背面为敷铜印刷线路板。

实验时只要用锁紧插头线（即锁紧线），依照原理线路图进行连接即可。

（8）译码显示区：由六位显示译码器和配套数码管构成，用于计数电路的显示。

（9）数据编码器：由拨码开关和相应的 8421 码编码器构成，共四组。拨码开关置于"0～9"时，对应的编码输出为"0000～1001"。

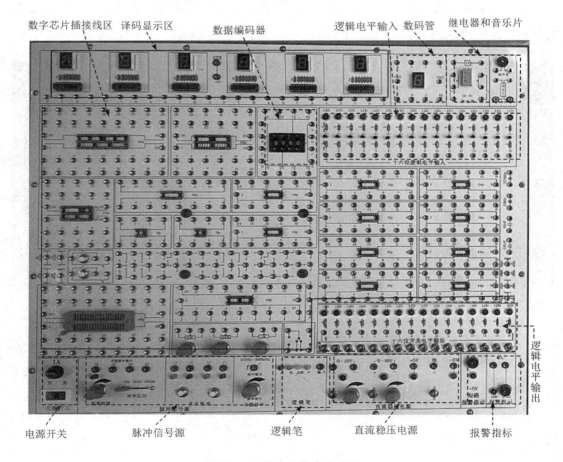

图 F1-2　数字电路实验面板

（10）十六位逻辑电平输入：将逻辑电路输出端通过锁紧线接入后，LED 发光管亮表明逻辑电路输出为高电平"1"，LED 发光管灭表明逻辑电路输出为低电平"0"。

（11）数码管：为七段显示共阴数码管，用于检测相应显示译码器的逻辑功能。

（12）继电器和音乐片：包括 DC 5 V 继电器、扬声器和音乐片。

2）模拟电路实验面板简介

模拟电路实验面板如图 F1 - 3 所示，由 12 个单元组成。

图 F1 - 3　模拟电路实验面板

（1）电源开关：用于接通或断开模拟实验电路面板的总电源。

（2）直流稳压电源：提供两组 0～18 V 连续可调直流电源和一组±5 V 直流电源。

（3）报警指示：有短路故障时报警指示灯亮。

（4）直流信号源：提供两组－5～＋5 V 直流信号。

（5）交流信号源：提供三种信号波形（正弦波、矩形波和三角波），七个频段选择开关。该信号源有输出幅度调节和频段频率调节以及电压幅度显示功能，另外，还有 20 dB 和 40

dB 两个信号幅度衰减开关，用于输出微小信号。使用时，可根据需要选择并调节大小及频率合适的信号输出。

（6）频率计：用于信号频率的测量。外测/内测钮子开关用于选择测量外来信号或本机信号。测频范围为 $0.5\ Hz \sim 500\ kHz$；测频显示精度为 10^{-6}；信号输入幅度为 $50\ mV \sim 5\ V$。

（7）电路插接线区：正面装有一些电阻、电位器、二极管、电容、音乐片、蜂鸣器等元器件，以及若干集成电路芯片插座及相应的连接线，板上装有接线插座和紫铜管，用以实验时接插电阻器、电容器等元器件。实验时只要用锁紧插头线，依照原理线路图进行连接即可。为了方便接线，在实验面板上还设置了三个互相连接的地线插孔。

（8）电压表、电流表：提供一块模拟毫安表和三块数字测量表，其中数字测量表分别为数字式直流电压表、数字式直流毫安表、数字式交流毫伏表。使用时应根据实际情况选择正确的测量仪表及合适的量程，仪表量程应注意从大到小进行选择。

（9）交流电压源：提供了 6 V、10 V、14 V、17 V 几种 50 Hz 的正弦交流电。

（10）三端稳压器：装有 W7805、W7812、W7912、W317 四个集成三端稳压器。

（11）电位器、电感：提供 1 kΩ、10 kΩ、100 kΩ、1 MΩ 等六个电位器和三个电感线圈。

（12）继电器：是具有两组常开触点和两组常闭触点的直流继电器。

2. 实验装置的使用

实验装置的使用步骤如下：

（1）开启"电源开关"，电源指示灯亮，系统带电，各部分可以正常工作。

（2）模拟电路实验需将"实验模块"插入实验屏面板接线区域内的四个插孔内，面板上有供扩展使用的相关实验器件和连线，需要时可以接入；进行数字电路实验时需将相关实验项目的芯片插入底座。

（3）根据具体实验项目和要求进行正常实验。

（4）当在实验过程中出现漏电或短路现象时，系统将发出声光报警信号。此时应马上关闭电源，进行电路检查；排除故障之后，才可重新启动。

（5）实验结束后，应先关闭各测量仪表的电源开关，再关闭总电源开关。

附录 Ⅱ　SDS 1152 型双通道数字存储示波器简介

数字示波器具有诸多优点。其一：体积小、重量轻，便于携带；其二：液晶显示，功耗低、辐射小；其三：能存储、回放，便于分析研究，尤其是对单次信号的捕捉、分析等；其四：具有很多数字运算功能，运算能力强大；其五：便于通信，可把采集或测量到的数据传输到电脑，更利于分析对比。

SDS 1152 型双通道数字存储示波器前面板如图 F2 - 1 所示。

SDS 1152 型双通道数字存储示波器的前面板功能以及操作简介如下。

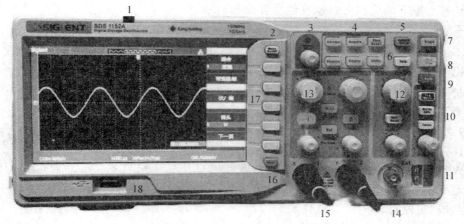

1—电源开关；2—菜单开关；3—万能旋钮；4—功能键模块区；5—默认设置；6—帮助信息；
7—单次触发；8—运行/停止；9—波形设置；10—触发系统模块区；11—探头元件；
12—水平控制模块区；13—垂直控制模块区；14—外触发输入；15—通道输入(1和2)；
16—打印键；17—菜单选项模块区；18—USB接口

图 F2-1　SDS 1152 型双通道数字存储示波器前面板

1. 前面板功能

（1）垂直控制（Vertical）。垂直控制模块如图 F2-2 所示。

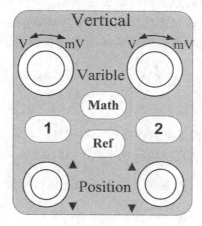

图 F2-2　垂直控制模块

1 **2** ：模拟输入通道按键。两个通道标签用不同颜色标识，与屏幕中波形颜色相对应。按下通道按键即可打开通道及其菜单，连续按下两次即可关闭该通道。

Math ：数学运算菜单按键。按下该键打开数学运算菜单，即可进行加、减、乘、除，以及 FFT 运算。

Ref ：参考波形按键。按下该键开启参考波形功能，即可将实测波形与参考波形相比较，以判断电路故障。

◎ Position ◎：垂直位移旋钮。左右旋转该旋钮可改变对应通道 1 或通道 2 的波形的垂直位移，按下该旋钮可快速复位垂直位移。

VOLT/DIV：垂直电压挡位旋钮。旋转该旋钮即可改变对应通道 1 或通道 2 的垂直电压挡位。顺时针旋转增大挡位，逆时针旋转减小挡位。旋转过程中波形幅度会增大或减小，同时屏幕左下角的挡位信息会相应发生变化。按下该旋钮可以快速切换垂直挡位调节方式为"粗调"或"细调"。

（2）水平控制（Horizontal）。水平控制模块如图 F2-3 所示。

Hori Menu：水平控制菜单按键。按下该键即可打开水平控制菜单。在此菜单下，可开启或关闭延迟扫描功能，切换存储深度为"长储存"或"短储存"。

Position

：触发位移旋钮。左右旋转该旋钮可使 1、2 两个通道的波形同时水平移动，按下该旋钮可快速复位波形的触发位移。

SEC/DIV：水平时基旋钮。旋转该旋钮即可改变对应通道 1 或通道 2 的垂直电压挡位。顺时针旋转增大挡位，逆时针旋转减小挡位。旋转过程中波形幅度会增大或减小，同时屏幕左下角的挡位信息会相应发生变化。按下该按钮可以快速切换垂直挡位调节方式为"粗调"或"细调"。

图 F2-3　水平控制模块

（3）触发控制（Trigger）。触发控制模块如图 F2-4 所示。

Trig Menu：触发控制菜单键。按下该键即可打开触发控制菜单，可提供边沿、脉冲、视频、斜率和交替五种触发类型。

Set to 50%：触发电平按键。按下该键即可快速稳定波形，因为示波器能够自动将触发电平的位置大约设置为对应波形最大电压值和最小电压值间距的一半。

Force：在 Normal 和 Single 触发方式下，按下该键可使通道波形强制触发。

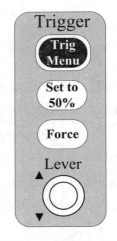

Level

：触发电平旋钮。顺时针旋转增大触发电平，逆时针旋转减小触发电平。左右旋转该旋钮时，触发电平线上下移动，同时屏幕左下角的触发电平值相应变化。按下该旋钮可以快速将触发电平恢复至对应通道波形零点。

（4）运行控制。

Run Stop：按下该键将示波器运行状态设置为"运行"或"停止"。"运行"状态下，该键黄灯被点亮；"停止"状态下，该键红灯点亮。

图 F2-4　触发控制模块

（5）单次触发。

Single：按下该键将示波器的触发方式设置为"单次"，一次触发采集一个波形，即停止触发工作。

（6）波形自动设置。

Auto：按下该键即开启波形自动显示功能。示波器将根据输入信号自动调整垂直挡位、水平时基和触发方式，使波形以最佳方式显示。

（7）万能旋钮（Intensity/Adjust）。

Intensity Adjust：① 波形亮度调节。非菜单操作时，旋转该旋钮可调节波形的显示亮度。顺时针旋转增大波形亮度，逆时针旋转减小波形亮度。

② 多功能旋钮。在进行菜单操作时，当选择了某个菜单软件后，若旋钮上方指示灯被点亮，则旋转该旋钮可选择该菜单下的子菜单，按下该旋钮即选中当前选择的子菜单，且指示灯熄灭。该旋钮还可用于修改参数值、输入文件名等。

（8）功能菜单（Menu）。功能菜单模块如图 F2-5 所示。

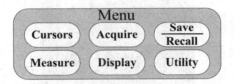

图 F2-5　功能菜单模块

Cursors：按下该键进入光标测量菜单。有手动、追踪、自动三种光标测量模式。

Acquire：按下该键进入采样设置菜单。可设置获取方式、内插方式和采样方式。

Save Recall：按下该键进入文件存储/调用界面。

Measure：按下该键进入测量设置菜单。测试类别包括电压测量、时间测量、延迟测量。

Display：按下该键进入显示设置菜单。可设置波形显示类别、余辉时间、波形亮度、网格亮度、显示格式（XY/YT）、菜单持续时间等。

Utility：按下该键进入系统功能设置菜单。可设置系统相关功能和参数。

（9）默认设置。

Default setup：按下该键进入系统默认设置界面。默认设置下电压挡位为 1 V/div，时基挡位为 500 μS/div。

（10）帮助信息。

Help：按下该键进入系统帮助信息功能。再次按下即可关闭该功能。

2. 操作简介

（1）按下电源开关，示波器自动进入波形显示状态，也可随时按下 **Auto** 键开启波形自动显示功能。

（2）将示波器信号输入线缆（探极）连接函数信号发生器（信号源）输出端，地线对应连接。

（3）根据示波器上显示的输入波形，观测并记录输入信号有关数据（幅度、周期、频率）。

附录Ⅲ　数字万用表的使用

数字万用表可用来测量电压、电流、电阻、电容、二极管、三极管，还可用于进行通断测试。下面以 DT9205 型数字万用表为例说明其操作方法，其面板如图 F3-1 所示。

图 F3-1　DT9205 型数字万用表面板

1. 面板介绍

刻度盘共 8 个测量功能，32 个量程挡位。"Ω"为电阻测量功能，有 7 个量程挡位；"DCV"为直流电压测量功能，"ACV"为交流电压测量功能，各有 5 个量程挡位；"DCA"为直流电流测量功能，有 4 个量程挡位；"ACA"为交流电流测量功能，有 3 个量程挡位；"F"为电容测量功能，有 6 个量程挡位；"hFE"为三极管直流电流放大系数测量功能；"▷▮•))）"为二极管及通断测试功能：测试二极管时，若正偏则近似显示二极管的正向压降值；通断测试时，若导通电阻小于 70 Ω 时，则内置蜂鸣器响。

"Cx"测量插孔：用于放置被测电容。

"20 A"测量插孔：当被测电流大于 200 mA 而小于 20 A 时，应将红表笔插入此孔。

"A"测量插孔：当被测电流小于 200 mA（即 0.2 A）时，应将红表笔插入此孔。

"COM"插孔：公共地，任何测量黑表笔均插入此孔。

"V/Ω"测量插孔：测量电压/电阻时，红表笔插入此孔。

"hFE"测试插孔：用于放置被测三极管，可以测量 NPN 管或 PNP 管的直流电流放大系数。测量时，应根据管型将管子的 E、B、C 引脚插入相应的测试孔。

2. 直流电压的测量

（1）将黑表笔插入"COM"插孔，红表笔插入"V/Ω"插孔；

（2）将功能选择开关旋转至"DCV"（直流电压）合适的量程挡位（200 m、2、20、200、1000）；

（3）将红、黑表笔跨接在被测电路上，则被测电压值和红表笔所接点电压的极性将显示在显示屏上。

3. 交流电压的测量

（1）将黑表笔插入"COM"插孔，红表笔插入"V/Ω"插孔：

（2）将功能选择开关转至"ACV"（交流电压）合适的量程挡位（200 m、2、20、200、750）；

（3）将红、黑表笔跨接在被测电路上，则被测交流电压值将显示在显示屏上。

4. 直流电流的测量

（1）将黑表笔插入"COM"插孔，当测量电流小于 200 mA 时，将红表笔插入"A"插孔；当电流大于 200 mA 时，将红表笔插入"20 A"插孔。

（2）将功能选择开关旋转至"DCA"（直流电流）合适的量程挡位（2 m、20 m、200 m、20）；

（3）将万用表串接在被测电路中，则被测电流值及红表笔所接点的电流极性将显示在显示屏上。

5. 交流电流的测量

（1）将黑表笔插入"COM"插孔，当测量电流小于 200 mA 时，将红表笔插入"A"插孔；当测量电流大于 200 mA 时，将红表笔插入"20 A"插孔。

（2）将功能选择开关旋转至"ACA"（交流电流）合适的量程挡位（20 m、200 m、20）；

（3）将万用表串接在被测电路中，则被测交流电流值将显示在显示屏上。

6. 电阻的测量

（1）将黑表笔插入"COM"插孔，红表笔插入"V/Ω"插孔；

（2）将功能选择开关转至"Ω"（电阻）合适的量程挡位（200、2 k、20 k、200 k、2 M、20 M、2000 M）；

（3）将红、黑表笔跨接在被测电阻上，则被测电阻值将显示在显示屏上。

7. 电容的测量

将功能选择开关旋转至"F"合适的量程挡位（200 μ、20 μ、2 μ、200 n、20 n、2 n），被测电容插入 Cx 插孔，则被测电容值将显示在显示屏上。注意测量大电容时读数稳定需要一定的时间。

8. 二极管的测量及通断测试

1）二极管的测量

（1）将红表笔插入"V/Ω"孔（注意：数字万用表红表笔接表内电池正极），黑表笔插入"COM"孔。

（2）将功能选择开关置于"▶┣·))"（二极管/蜂鸣）符号挡，用红表笔接二极管正极，黑表笔接二极管负极，则显示屏显示值为二极管的正向压降（0.60～0.70 V 为硅管；0.20～0.30 V 为锗管）。

（3）测量二极管正、反向压降时，若显示屏显示只有最高位且显示"1"，则表示二极管内部开路；若正、反向压降均显示"0"，则表示二极管击穿或短路。

2）通断测试

（1）红、黑表笔的插位及功能选择开关的挡位同上。

（2）将表笔连接到被测电路两点，如果内置蜂鸣器鸣响，则表明被测两点之间电阻值低于 70 Ω，即电路通或有短路故障；否则电路为断路，显示屏最高位显示"1"。

9. 三极管 hFE 值的测量

（1）将功能选择开关置于"hFE"挡；

（2）根据被测三极管的类型（NPN 或 PNP），将发射极 e、基极 b、集电极 c 分别插入相应的插孔，则被测三极管的直流电流放大系数将显示在显示屏上。

10. 数字式万用表使用注意事项

（1）测量时应选择正确的功能和量程，谨防误操作；切换功能和量程时，表笔应离开测试点；显示值的"单位"与相应量程挡位的"单位"一致。

（2）若测量前不知被测范围，应先将量程开关置到最高挡位，再根据显示值调到合适的挡位。

（3）测量时若只有最高位显示"1"或"－1"，表示被测量超出了量程范围，应将量程开关转至较高的挡位。

（4）在线测量电阻时，应确认被测电路所有电源已关断且所有电容都已完全放完电时，方可进行测量，即不能带电测量电阻。

（5）用"200Ω"量程时，应先将表笔短路测引线电阻，然后在实测值中减去所测的引线电阻值；用"200 MΩ"量程时，将表笔短路，万用表将显示 1.0 MΩ，这属于正常现象，不影响测量精度，实测时应减去该阻值。

（6）显示屏显示 ⊏┿⊐ 符号时，表示万用表内部电池电量不足，应及时更换 9 V 碱性电池，以减小测量误差。

附录Ⅳ　电阻器的色环标识法

色环电阻器是电子线路中应用最为广泛的一种电阻器。

1. 色环电阻器的色环标识

色环标志法是用不同颜色的色环标识在电阻器表面，用以表示电阻器的标称阻值和允许误差，如图 F4-1 所示。

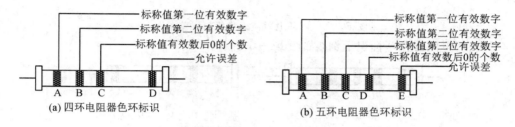

(a) 四环电阻器色环标识　　　　　　　　　(b) 五环电阻器色环标识

图 F4-1　色环电阻器标称值及误差标识

常用色环电阻器有四环电阻器和五环电阻器。

四环电阻器用四条色环表示标称阻值和允许误差，其中三条等距色环表示电阻标称值：A 对应第一有效数字环，B 对应第二有效数字环，C 为乘数环（颜色对应的数字代表 0 的个数）；第四条色环 D 距离较远，为误差环。标识方法如图 F4-1(a) 所示。

五环电阻器为精密电阻，用五条色环表示标称阻值和允许误差，其中四条等距色环表示阻值，前三条色环 A、B、C 为有效数字环，第四条色环 D 为乘数环（颜色对应的数字代表 0 的个数）；第五色环 E 距离较远，为误差环。标识方法如图 F4-1(b) 所示。

四环电阻和五环电阻色环颜色对应的标称阻值和允许误差见表 F4-1 和表 F4-2。

表 F4-1　四环电阻的阻值色环

颜色	第一有效数	第二有效数	乘数	允许误差
黑	0	0	10^0	—
棕	1	1	10^1	—
红	2	2	10^2	—
橙	3	3	10^3	—
黄	4	4	10^4	—
绿	5	5	10^5	—
蓝	6	6	10^6	—
紫	7	7	10^7	—
灰	8	8	10^8	—
白	9	9	10^9	—
金	—	—	10^{-1}	±5%
银	—	—	10^{-2}	±10%

表 F4-2　五环电阻的阻值色环

颜色	第一有效数	第二有效数	第三有效数	乘数	允许误差
黑	0	0	0	10^0	—
棕	1	1	1	10^1	±1%
红	2	2	2	10^2	±2%
橙	3	3	3	10^3	—
黄	4	4	4	10^4	—
绿	5	5	5	10^5	±0.5%
蓝	6	6	6	10^6	±0.2%
紫	7	7	7	10^7	±0.1%
灰	8	8	8	10^8	—
白	9	9	9	10^9	—
金	—	—	—		
银	—	—	—		

2. 色环电阻器标称值与允许误差标识示例

（1）四环电阻器色环标识示例，如图 F4-2 所示。

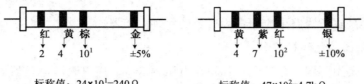

红	黄	棕		金
2	4	10^1		±5%

标称值：$24×10^1=240\,\Omega$
允许误差：±5%

黄	紫	红		银
4	7	10^2		±10%

标称值：$47×10^2=4.7\text{k}\,\Omega$
允许误差：±10%

图 F4-2　四环电阻器标称值与误差示例

（2）五环电阻器色环标识示例，如图 F4-3 所示。

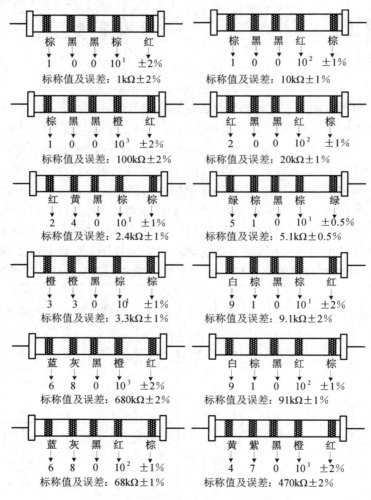

棕 黑 黑 棕 红
1　0　0　10^1　±2%
标称值及误差：1kΩ±2%

棕 黑 黑 红 棕
1　0　0　10^2　±1%
标称值及误差：10kΩ±1%

棕 黑 黑 橙 红
1　0　0　10^3　±2%
标称值及误差：100kΩ±2%

红 黑 黑 红 棕
2　0　0　10^2　±1%
标称值及误差：20kΩ±1%

红 黄 黑 棕 棕
2　4　0　10^1　±1%
标称值及误差：2.4kΩ±1%

绿 棕 黑 棕 绿
5　1　0　10^1　±0.5%
标称值及误差：5.1kΩ±0.5%

橙 橙 黑 棕 棕
3　3　0　10^1　±1%
标称值及误差：3.3kΩ±1%

白 棕 黑 棕 红
9　1　0　10^1　±2%
标称值及误差：9.1kΩ±2%

蓝 灰 黑 橙 红
6　8　0　10^3　±2%
标称值及误差：680kΩ±2%

白 棕 黑 红 棕
9　1　0　10^2　±1%
标称值及误差：91kΩ±1%

蓝 灰 黑 红 棕
6　8　0　10^2　±1%
标称值及误差：68kΩ±1%

黄 紫 黑 橙 红
4　7　0　10^3　±2%
标称值及误差：470kΩ±2%

图 F4-3　五环电阻器标称值与误差示例

附录 V　　半导体二极管和三极管的测试

1. 二极管的识别与检测

二极管是具有一个 PN 结的半导体器件，主要用在整流、检波、稳压、发光、开关、变频等电路中。

二极管的正、负极可根据二极管外壳上的标记或色点判断，通常带有三角形箭头的一端为正极，另一端是负极。在点接触二极管的外壳上，常标有极性色点（白色或红色），一般标有色点的一端即为正极。还有的二极管上标有色环标识，通常带色环的一端为负极。

如果二极管的正、负极标记已经模糊，则可用万用表来检测、判断其极性。

（1）用模拟万用表检测。

二极管的正向电阻小（一般为几百欧）、反向电阻大（一般为几十千欧至几百千欧），具有单向导电性，利用这个特性可对其正、负极进行判别。

模拟万用表"电阻挡"的等效电路如图 F5-1 所示，其中 R_0 为等效电阻，E_0 为表内电池。红表笔接在表内电池的负极（表笔插孔标志"＋"号），而黑表笔接在表内电池的正极（表笔插孔标志"－"号）。

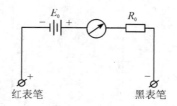

图 F5-1　模拟万用表电阻挡等效电路

置万用表的欧姆挡为"R×100 Ω"或"R×1k"，然后将红、黑两表笔接到二极管的两个电极上。若万用表指针指示的电阻值较小（指针偏转角度很大），表明二极管正向导通，则黑表笔所接的是二极管的正极，红表笔所接的是二极管的负极；若万用表指针指示的电阻值很大（指针偏转角度很小），表明二极管处于反向截止状态，则黑表笔接的是二极管的负极，红表笔接的是二极管的正极，如图 F5-2 所示。

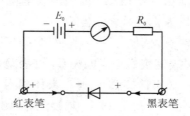

图 F5-2　检测二极管极性

发光二极管与普通二极管的测试方法一样，只不过发光二极管的正向导通电压一般较大（大于 1 V），测量时必须选用量程较大的"R×10 kΩ"挡。测量过程中一旦发光二极管点亮，说明正向导通，此时，黑表笔接的就是发光二极管的正极。

（2）用数字万用表检测。

数字万用表的红表笔插孔是"V/Ω"，黑表笔插孔是"COM"。测量开关置于电阻挡或者二极管挡时，红表笔为"＋"，黑表笔为"－"。

利用数字万用表的"———▷|———"挡可判别二极管的正、负极。将两支表笔分别接触二极管的两个电极，若显示值在 1 V 以下，说明二极管处于正向导通状态，则红表笔接的是正极，黑表笔接的是负极。若显示溢出符号"1"，表明二极管处于反向截止状态。

2. 三极管的检测

三极管是内部含有两个 PN 结、外部具有三个电极的半导体器件，具有电流放大特性和开关特性，广泛应用于模拟电子线路和数字电子线路。

1）用模拟万用表检测

（1）检测基极和判别管型。

由于三极管内部是三层半导体结构，所以有 NPN 和 PNP 两种类型，可看作是两个背靠背的 PN 结，基极是公共极，如图 F5 - 3 所示。

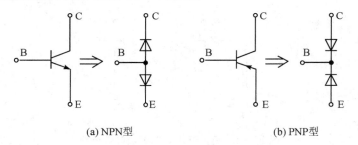

(a) NPN型　　　　　　　　　　(b) PNP型

图 F5 - 3　三极管符号及结构示意图

根据 PN 结正向电阻小、反向电阻大的特点，可以首先判别三极管的基极和类型。

选择万用表的 R×1k（或 R×100）挡，将黑表笔接三极管的任一管脚，而红表笔分别去接其他两只管脚。如果表针指示的两个阻值均很小，那么黑表笔所接的管脚即是 NPN 型管的基极；若两个阻值均很大，那么黑表笔所接的管脚即是 PNP 型管的基极。

如果表针指示的阻值一个很大一个很小，那么黑表笔所接的管脚不是基极，需要换另一个管脚重试，直到测试出基极为止。

（2）集电极和发射极的检测与判别。

对于 NPN 型管，先假设黑表笔接的是集电极 C，红表笔接的是发射极 E，然后用手捏住 B、C 两个电极（但不能使 B、C 直接接触），通过人体相当于在 B、E 之间接入一个偏置电阻 R_B，即给三极管的基极加上一个正向偏压，观察此时表针停留的位置，读出 C、E 间的电阻值；然后将红、黑表笔对调，重新测 C、E 间的电阻值。对比两次测量结果，阻值较小（表针偏转较大）的那一次黑表笔接的就是集电极，如图 F5 - 4(a)所示。

　　对于 PNP 型管，测试方法相反，即红表笔接假设的 C 极，黑表笔接 E 极，用手捏住 B
和 C，观察表针的偏转；然后对调红、黑表笔，观察表针的偏转。两次测量中，表针偏转大
（电阻小）的那一次，红表笔接的是集电极 C，如图 F5－4(b)所示。

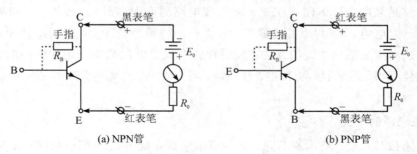

图 F5－4　集电极 C 和发射极 E 的检测与判别

　　(3) 估测电流放大系数 $\bar{\beta}$。

　　将万用表拨至 R×1k(或 R×100)挡。若测 NPN 型管，将黑、红表笔分别接 C、E 两个
电极，然后用潮湿的手指捏住集电极 C 和基极 B 代替偏置电阻；若测 PNP 型管，则红、黑
表笔对调。观察手指断开和捏住时的电阻值，两个读数相差越大，表示该晶体管的 $\bar{\beta}$ 值越
大，放大能力越强；反之，表示该晶体管的 $\bar{\beta}$ 值越小，放大能力越弱。

　　2) 用数字万用表检测晶体三极管

　　用数字万用表检测晶体管，应先在二极管测试挡"—▷|—"测出基极 B 并判断出管型，
然后在三极管电流放大系数测试挡"hFE"测试集电极 C 和发射极 E。

　　(1) 检测基极和判别管型。

　　将功能选择开关置二极管测试挡"—▷|—"，红表笔任接某个管脚，用黑表笔依次触碰
另外两个管脚，如果两次显示值均小于 1 V(0.500～0.800 V)，则说明红表笔所接的就是基
极，且所测三极管为 NPN 型三极管；如果两次测试显示溢出符号"1"，说明红表笔所接的
管脚就是基极，且所测三极管为 PNP 型三极管。

　　如果在两次测试中，一次显示值小于 1 V，另一次显示溢出符号"1"，则表明红表笔接
的管脚不是基极，此时应改换其他管脚重新测量。

　　(2) 集电极与发射极的检测与判别。

　　将数字万用表置"hFE"挡，若被测管是 NPN 型管，则使用 NPN 插孔。把基极 B 插入
B 孔，剩下两个管脚分别插入 C 孔和 E 孔。若测出的 hFE 值为几十至几百，说明管子处于
正常放大工作状态，因而 E、B、C 插孔管脚插入正确，即 C 孔插的就是集电极 C，E 孔插的
就是发射极 E。若测出的 hFE 值极小(零点几不到 1)，说明管子处于截止工作状态，表明被
测管的集电极 C 与发射极 E 插反了。

　　若被测管是 PNP 型管，则应使用 hFE 挡的 PNP 插孔。把基极 B 插入 B 孔，剩下两个
管脚分别插入 C 孔和 E 孔。若测出的 hFE 值为几十至几百，说明管子处于放大工作状态，
表明三极管三只管脚插试正确，插座显示管脚即为测试管脚。

附录Ⅵ　集成电路简介

集成电路是采用半导体制作工艺,将构成电路的有源器件(二极管、三极管、晶体管等)和无源器件(电阻、电容)以及连线等制作在一小块单晶硅片上,然后封装而成的。芯片内部按照多层布线或隧道布线的方法将元器件组合成完整的具备一定功能的电子电路。集成电路具有体积小、重量轻、功耗小、性能好、可靠性高、电路稳定等优点,广泛应用于电子产品中。

1. 集成电路的分类

集成电路按其功能、结构的不同,分为模拟集成电路和数字集成电路;按制作工艺的不同,分为半导体集成电路和膜集成电路,膜集成电路又分为厚膜集成电路和薄膜集成电路;按集成度高低的不同,分为小规模集成电路、中规模集成电路、大规模集成电路和超大规模集成电路;按导电类型的不同,分为双极型集成电路和单极型集成电路。双极型集成电路的制作工艺复杂,功耗较大,有 TTL、ECL、HTL、LST‐TL、STTL 等类型。单极型集成电路的制作工艺简单,功耗也较低,易于制成大规模集成电路,有 CMOS、NMOS、PMOS 等类型。

2. 集成电路的外形

半导体集成电路的外形结构主要有三种:圆型金属外壳封装、扁平型外壳封装和直插式封装。

(1) 圆型金属外壳封装。

圆型外壳采用金属封装,引出线根据内部电路结构的不同有 8、10、12、14 根等多种,一般早期的线性电路采用这种封装。图 F6‐1(a)所示为 12 根引线。

(2) 扁平型外壳封装。

扁平型外壳采用陶瓷或塑料封装,引出线有 14、16、18、24 根等多种,目前高集成度小型贴片式集成电路采用这种封装。图 F6‐1(b)所示为 20 根引线。

(3) 直插式封装。

直插式集成电路一般采用塑料封装,这种封装工艺简单,成本低,引脚线强度大、不易折断。外形有双列直插式和单列直插式两种,如图 F6‐1(c)所示。双列直插式引线有 8 根、14 根、16 根、18 根、24 根等。图 F6‐1(c)所示双列直插式为 14 引脚,单列直插式为 8 引脚。

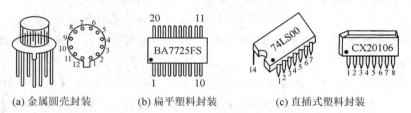

(a) 金属圆壳封装　　　(b) 扁平塑料封装　　　(c) 直插式塑料封装

图 F6‐1　半导体集成电路的外形及引脚排列

3. 集成电路的引脚排列

集成电路的封装形式无论是圆型或扁平型，还是单列直插式或双列直插式，其引脚排列均有一定规律。一般从外壳顶部或者是印有型号的一面，引脚按逆时针方向编号，一般金属圆壳以突出标记为准，扁平型和直插式都以色点标记为准，逆时针按 1、2、…、n 编排，如图 F6 - 1 所示。

4. 集成电路的检测

常用的对集成电路的检测方法有非在线测量法、在线测量法和代换法。

（1）非在线测量法。

在集成电路未焊入电路时，通过测量其各引脚之间的直流电阻值与已知正常同型号集成电路各引脚之间的直流电阻值进行对比，以确定其是否正常。由于集成块内部有大量的三极管、二极管等非线性元件，在测量中单测得一个阻值还不能判断其好坏，必须互换表笔再测一次，获得正、反向两个阻值。只有当各引脚之间的直流电阻的正、反向阻值都符合标准时，才能断定该集成电路完好。

（2）在线测量法。

利用电压测量法、电阻测量法及电流测量法等，通过在电路上测量集成电路各引脚的电压值、电阻值和电流值是否正常，来判断该集成电路是否损坏。这种方法克服了代换试验法需要有可代换集成电路的局限性以及拆卸集成电路所带来的麻烦，是检测集成电路最常用、最实用的方法。

（3）代换法。

用已知完好的同型号、同规格集成电路来代换被测集成电路，以此判断该集成电路是否损坏。实验时常常采用这种方法判断集成电路的好坏，以便及时更换芯片，保证实验顺利进行。

5. 集成电路使用注意事项

（1）电源电压、输出电流、输出功率、温度等技术参数都不得超过极限值。

（2）输入信号的幅度不得超过集成电路的电源电压值。

（3）数字集成电路的多余输入脚一般不得悬空，以避免引起逻辑错误。

（4）集成电路的引线不要强行扭弯，也不能齐根部折弯。不能带电插拔集成芯片。

（5）使用 MOS 集成电路时应特别小心，为了防止静电击穿集成电路，所有测试仪器、设备、电烙铁等工具及线路本身，必须具有良好的接地措施。

由于 MOS 集成电路有较高的输入阻抗，少量电荷就能产生较高电压，因此不使用时必须用金属屏蔽盒或金属纸封装。

（6）若需焊接，要注意电烙铁的功率应选择 $25 \sim 45$ W，且焊接时间一般不超过 10 s。

附录Ⅶ　部分常用集成电路引脚排列图

1. TTL 系列

TTL 系列常用芯片引脚图如图 F7 - 1 所示。

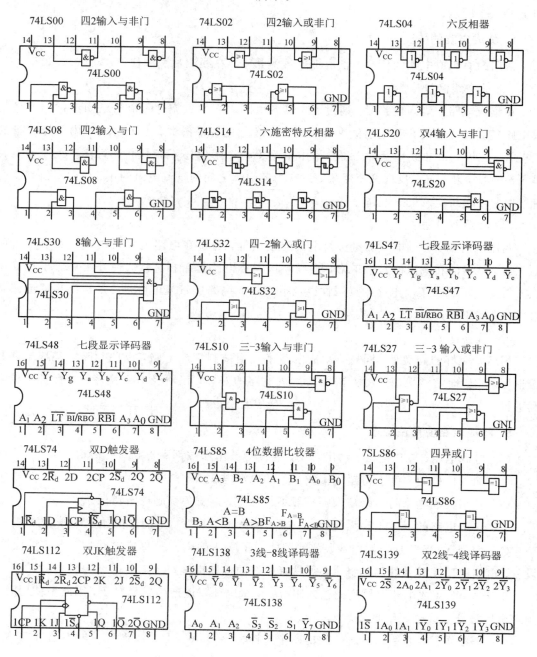

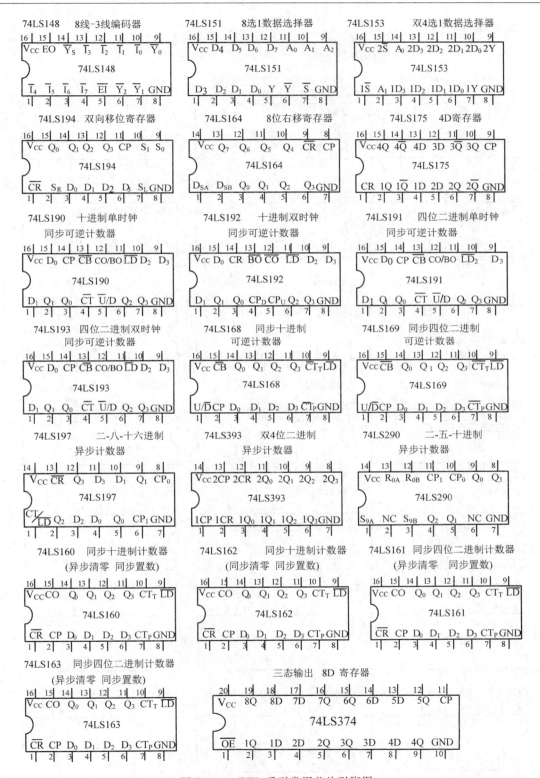

图 F7 – 1　TTL 系列常用芯片引脚图

2. CMOS 系列

CMOS 系列常用芯片引脚图如图 F7 - 2 所示。

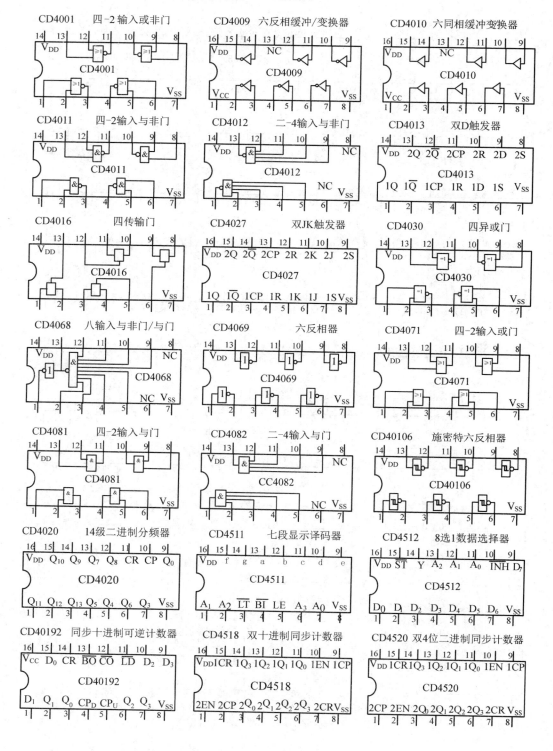

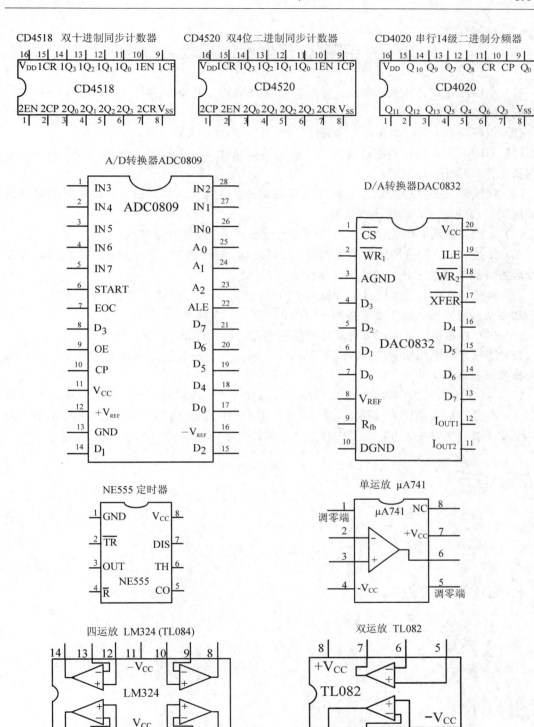

图 F7 - 2　CMOS 系列常用芯片引脚图

附录Ⅷ　实验室安全操作规范与章程

（1）严格遵守实验室规章制度，爱护实验仪器设备。服饰得体大方，不迟到、不早退、不喧闹，保持室内清洁卫生。

（2）做好复习、预习准备，明确实验目的、实验内容、实验要求、注意事项。

（3）实验前应先检查各电源及实验面板上所有功能模块的输出与显示是否正常。如一切均属正常，方可进行实验。

（4）接线前务必熟悉实验板上各元器件的功能、参数及其接线位置，特别要熟知各集成块插脚引线的排列方式及接线位置。

（5）实验接线前必须先断开总电源与各分电源开关，严禁带电接线。

（6）接线完毕，检查线路正确无误后，方可通电。进行数字电路实验时，应注意只有在断电后方可插拔集成芯片。严禁带电插拔集成芯片！

（7）实验过程中，应保持实验台及实验面板的整洁，不可随意堆放杂物，特别是导电的工具和多余的导线等，以免发生短路等故障。

（8）进行模拟电路实验时，若不清楚色环电阻的色环标识，可查阅附录相关部分内容。

（9）进行数字电路实验时，若需了解集成电路芯片的引脚功能及其排列方式，可查阅附录相关部分内容。

（10）实验小组成员以两人为宜，学生可以自由结合。实验过程中，应发扬团结互助精神，在独立思考独立操作的前提下，还要注重团队合作及相互配合。遇到问题时要相互鼓励，积极寻求解决方法，为日后工作打下坚实的能力基础。